Rödiger Voss

Zurück ans Steuer:
Dein Wegweiser durch die MPU nach einer Alkoholfahrt

Rödiger Voss

Zurück ans Steuer: Dein Wegweiser durch die MPU nach einer Alkoholfahrt

Rediroma-Verlag

Bibliografische Information der Deutschen Nationalbibliothek:
Die Deutsche Nationalbibliothek verzeichnet diese Publikation in der Deutschen Nationalbibliografie; detaillierte bibliografische Daten sind im Internet über http://portal.dnb.de abrufbar.

ISBN 978-3-98885-463-6

Umschlagillustration: Creative Cat Studio (shutterstock.com)

www.rediroma-verlag.de
12,95 Euro (D)

Inhaltsverzeichnis

1 Erste Schritte im MPU-Dschungel: Eine Einführung

Herzlich willkommen zu deinem Buch zur Vorbereitung auf die MPU-Herausforderung! Du hast beim Kauf eine sehr kluge Entscheidung getroffen, denn mit der richtigen Vorbereitung und einem fundierten Verständnis für den Ablauf und die Anforderungen der MPU kannst du dich optimal auf diese wichtige Aufgabe vorbereiten.

Die Medizinisch-Psychologische Untersuchung (= MPU) ist für viele Menschen ein entscheidender Schritt auf dem Weg zur Wiedererlangung der Fahrerlaubnis. Sie ist ein wichtiger Bestandteil des deutschen Straßenverkehrsrechts und dient dazu, die Eignung von Personen zum Führen eines Kraftfahrzeugs zu prüfen. Eine MPU kann aus verschiedenen Gründen angeordnet werden, wie beispielsweise bei Verstößen gegen die Straßenverkehrsordnung oder bei körperlichen oder geistigen Beeinträchtigungen.

Dieser Ratgeber richtet sich an Verkehrsteilnehmende, die aufgrund eines Vergehens im Straßenverkehr mit Alkohol (eventuell auch in Verbindung mit anderen Drogen oder gesundheitlichen Problemen) eine medizinisch-psychologische Untersuchung durchführen müssen.

In diesem Buch wirst du also auf diese MPU gezielt vorbereitet. Es basiert auf aktuellen wissenschaftlichen Erkenntnissen und Praxiserfahrungen aus der Praxis. Du wirst mit verschiedenen Aspekten der Untersuchung vertraut gemacht, von den rechtlichen Grundlagen über die psychologischen und medizinischen Anforderungen bis hin zu den möglichen Abfrageinhalten. Dabei wirst Du eine Reihe von praxisorientierten Tipps und Übungen zur MPU-Vorbereitung verinnerlichen. Das Ziel ist, dich bestmöglich zur MPU hinzuführen und Dir das nötige Wissen und die Werkzeuge an die Hand zu geben, um erfolgreich die Herausforderung zu meistern.

Du wirst erfahren, welche Fragen du in der MPU erwarten kannst, wie du dich auf die psychologischen Tests vorbereiten und welche Maßnahmen Du ergreifen kannst, um Deine Chancen auf einen positiven Ausgang zu verbessern. Es werden dabei Themen wie Verhaltensänderung, Rückfallprävention und dem Umgang mit Alkohol und/oder Drogen vorgestellt.

Es ist wichtig zu verstehen, dass die MPU **kein «Hexenwerk»** ist, sondern eine Möglichkeit für dich ist, deine Verkehrstauglichkeit nachzuweisen und Verantwortung zu übernehmen. Mit der **richtigen Herangehensweise**, dem nötigen Fachwissen und einer positiven Einstellung kannst du dich optimal auf die MPU vorbereiten und deine Ziele erreichen.

Ich lade dich ein, dich intensiv mit diesem Buch auseinanderzusetzen, die Übungen zu absolvieren und aktiv auf die MPU einzustellen. Sei offen für Veränderungen, reflektiere dein Verhalten und nutze die Informationen und Tipps, um dich persönlich weiterzuentwickeln.

Bedenke, dass dieses Buch dich unterstützt, aber die eigentliche Arbeit bei dir liegt. Und denk immer dran – egal, wie stürmisch die Fahrt zur MPU wird: Bleib standhaft. Geh Schritt für Schritt voran auf dem Pfad zu einem bewussten Fahrstil. Denn am Ende des Tages ist das hier kein 100-Meter-Sprint, sondern ein echter Marathon. Und im Ziel wartet mehr auf dich als nur die Erleichterung, die MPU geschafft zu haben: Es ist die Gewissheit, dass du von nun an den Verkehr ein kleines Stückchen sicherer machst. Ein Ziel, so kostbar wie eine persönliche Trophäe. Also dann, auf die Plätze, fertig und los zu einem neuen Kapitel in deiner Fahrerkarriere!

Ich wünsche dir viel Erfolg bei Ihrer Vorbereitung auf die MPU und drücke dir die Daumen für eine positive Prüfung. Bevor es aber in die Materie hineingeht, schau dir den Fall Tim noch an, der als gutes Beispiel dienen kann.

Beispiel: Der Fall Tim, 24 Jahre

Tim war auf einer Geburtstagsparty eines Freundes und hatte ein paar Bier getrunken. Er fühlte sich jedoch gut genug, um nach Hause zu fahren. Auf dem Weg dorthin wurde er von der Polizei gestoppt, weil er in Schlangenlinien fuhr. Ein Alkoholtest ergab einen Wert von 1,68 Promille. Bereits vor Ort haben die Polizeibeamten seinen Führerschein sichergestellt. Tim hatte große Angst, dass er seinen Führerschein für immer verlieren würde. Er war sehr auf seinen Führerschein angewiesen, um zur Arbeit zu gelangen. Er wurde aufgefordert, eine MPU durchzuführen. Er hatte keine Ahnung, was auf ihn zukommen würde. Aber er war auch erleichtert, dass niemand bei seinem Unfall verletzt wurde und dass er eine Chance hatte, seine Fehler wieder gut zu machen. Er entschloss sich, ein Buch zur Vorbereitung zu kaufen und eine MPU-Beratung zu suchen. Er recherchierte im Internet und fand einen qualifizierten MPU-Berater, der ihm helfen konnte. Der Berater erklärte ihm den Ablauf der MPU und gab ihm viele wichtige Tipps und Ratschläge.

Die Beratung half ihm, sein Fehlverhalten zu erkennen und seine Einstellung zum Alkoholkonsum zu ändern. Tim lernte, wie man in schwierigen Situationen klare Entscheidungen trifft und wie man sich selbst kontrolliert. Tim musste sich auf verschiedene Tests vorbereiten, darunter Reaktionstests, medizinische Untersuchungen und psychologische Gespräche. Nach mehreren intensiven Sitzungen und Trainings ging Tim schließlich zur MPU in der Nähe seines Wohnortes. Als er zur MPU ging, fühlte er sich gut vorbereitet. Er meisterte die Tests mit Bravour und zeigte den Prüfern, dass er ein verantwortungsbewusster und sicherer Fahrer war. Nach einigen Wochen erhielt er schließlich seinen Führerschein zurück. Er war dankbar für die Unterstützung seines MPU-Beraters und hatte das Gefühl, dass er nicht nur seine Fähigkeiten als Fahrer verbessert hatte, sondern auch als Mensch gereift war. Auch die Geldstrafe durch den Vorfall war ihm eine Lehre für das Leben.

2 Das große MPU 1x1: Alles, was du wissen musst

2.1 MPU entmystifiziert: Entschlüsselt und klar

Im letzten Kapitel wurde der Einstieg ins Thema MPU gegeben. In diesem Kapitel wird jetzt noch ein Ticken tiefer gebohrt. Noch mal zurück zur MPU: Sie wird umgangssprachlich und nicht gerade charmant als "Idiotentest" bezeichnet. Als offizielles Instrument in Deutschland checkt sie, ob jemand noch fit für die Straße ist – insbesondere nachdem ein paar grobe Verkehrspatzereien passiert sind oder man sich sonst irgendwie schuldig in Sachen Alkohol oder Drogen gemacht hat.

Wer ordnet die MPU an?

Normalerweise wird die MPU von der zuständigen Fahrerlaubnisbehörde angeordnet, wenn Zweifel an der Fahreignung des Betroffenen bestehen. Die genauen Spielregeln für die Anordnung einer MPU sind in der Fahrerlaubnisverordnung (FeV) geregelt.

Der Ablauf vor der MPU-Anordnung

Bevor eine MPU angeordnet wird, werden in der Regel Ermittlungen durch die Polizei oder die Staatsanwaltschaft durchgeführt. Bei Verkehrsdelikten kann beispielsweise eine Verkehrskontrolle oder eine Geschwindigkeitsmessung der Auslöser für eine MPU-Anordnung sein. Bei medizinischen Auffälligkeiten kann es auch vorkommen, dass ein Arzt die zuständige Fahrerlaubnisbehörde informiert und diese dann eine MPU anordnet. Es ist wichtig zu betonen, dass eine MPU kein Strafverfahren ist, sondern ein Verfahren zur Überprüfung der Fahreignung. Es geht nur um die eine Frage: "Bist du in Zukunft noch tragbar für die Straßen in Deutschland?"

History der MPU

Die MPU hat ihre Geschichte. Sie ist so ein Produkt aus den 50ern und hat sich seitdem gewandelt und ist gewachsen. Erst hieß es nur: "Körper checken!", später dann: "Aber Moment, was läuft bei dir im Kopf ab?" Also wurden auch die grauen Zellen mit ins Programm genommen. Durch die psychologischen Aspekte soll das Verhalten und die Einstellung der Kandidaten zum Straßenverkehr bewertet werden.

In den 70ern hat die MPU dann so richtig an Fahrt aufgenommen, besonders beim Thema Alkohol oder anderen flotten Stoffen. Man hat also mit Kriterien und Richtlinien den Rahmen gesetzt, alles schön einheitlich gemacht, damit klar ist, was Sache ist. Resultat soll eine objektive Beurteilung der Fahreignung sein. Die MPU ist jetzt ein umfangreiches Paket: Ärzte schauen dich an, Psychologen quatschen mit dir und analysieren dich, und du musst vielleicht auch zum Wasser lassen oder Pusten für eine Blut- oder Urinanalyse auf Alkohol- oder Drogenkonsum.

Kontroverse Meinungen zur MPU

Klar ist auch: Nicht jeder ist ein Fan der MPU. Manche sagen, das sei alles zu schwammig, zu intransparent und dann erst die Kosten! Andere hingegen schwören drauf und meinen, nur so bleibt die Straße sicher.

Wie auch immer, die MPU hat ihren festen Parkplatz im deutschen Verkehrsrecht. Was da aber genau gecheckt und wie bewertet wird, das bleibt nicht in Stein gemeißelt. Die Wissenschaft findet neue Erkenntnisse und das Recht passt sich an – alles für die jetzige und zukünftige Sicherheit auf deutschen Straßen.

2.2 Wer muss ran? Die "Auserwählten" der MPU

Wenn man dem Alkohol zugesprochen hat und sich dann aufs Fahrrad, einen E-Scooter oder ins Auto schwingt, dann kommt bei 1,6 Promille oder mehr die MPU ins Spiel – als fester Programmpunkt. Und falls die Staatsmacht mehrfach ein Verfahren gegen dich anrollt, weil du mit 1,1 Promille oder mehr am Steuer ertappt wurdest, ist eine MPU angesagt. Es geht aber noch weiter, Deutsche Gerichte haben auch schon entschieden, dass eine MPU-Anordnung bei relativer Fahruntüchtigkeit, also ab 0,3 ‰ erforderlich sein kann.

Beispiel: Der Fall Igor

Igor, ein 24-jähriger Mann, war mit Freunden auf einer Party und hatte etwas zu tief ins Glas geschaut. Trotzdem entschied er sich dazu, sein Auto zu nehmen und nach Hause zu fahren. Er wurde von der Polizei erwischt und ein Blutalkoholtest ergab einen Wert von 1,8 Promille. Igor erhielt eine Anzeige wegen Trunkenheit am Steuer und ihm drohte der Führerscheinentzug sowie eine MPU. Beides ist dann eingetreten. Nachdem Igor die Konsequenzen seines Handelns realisiert hatte, beschloss er, alles in seiner Macht Stehende zu tun, um seine Fahrerlaubnis zurückzuerlangen. Er suchte nach einem qualifizierten MPU-Berater und nahm an einer MPU-Vorbereitung teil. Der MPU-Berater erklärte ihm den Ablauf der MPU und zeigte ihm, wie er sich am besten darauf vorbereiten konnte. Igor nahm sich die Tipps und Tricks zu Herzen und arbeitete hart daran, seine Fehler einzugestehen und seine Einstellung gegenüber Alkohol und dem Fahren zu ändern. Er besuchte auch eine Alkoholtherapie und meldete sich für ein Fahrsicherheitstraining an. Schließlich war es so weit: Max absolvierte seine MPU und bestand sie auf Anhieb. Heute sieht Igor sein Fehlverhalten als Chance zur persönlichen Weiterentwicklung. Er ist dankbar für die MPU-Beratung, die ihm geholfen hat, seine Einstellung zum Fahren zu ändern.

Beispiel: Der Fall Tekin

Der 38-jährige Tekin hatte Stress mit seiner Freundin und ertränkte diesen in einer Bar. Er trank Bier und Schnaps. Als es spät wurde, entschied er sich, nach Hause zu fahren, und stieg in sein Auto. Leider verlor er aufgrund seiner beeinträchtigten Fahrweise die Kontrolle über sein Fahrzeug und verursachte einen Unfall, bei dem ein anderes Fahrzeug schwer beschädigt wurde. Anstatt anzuhalten und sich um die Folgen seines Fehlers zu kümmern, entschied Tekin sich für eine Fahrerflucht. Er fuhr einfach weiter, ohne sich um den verletzten Fahrer des anderen Autos oder den entstandenen Sachschaden zu kümmern. Diese Handlung war nicht nur rechtswidrig, sondern auch äußerst gefährlich und verantwortungslos. Tekin setzte nicht nur das Leben und die Sicherheit anderer Menschen aufs Spiel, sondern riskierte auch seine eigene Freiheit und seinen Führerschein. Er fuhr aber nur wenige Minuten weiter, als er plötzlich von einem Polizeiauto angehalten wurde. Sein Blutalkoholwert betrug 1,9 Promille. Ihm wurde schliesslich der Führerschein entzogen. Darüber hinaus wurde eine MPU angeordnet, um sicherzustellen, dass Tekin in Zukunft keine Gefahr im Straßenverkehr darstellt.

2.3 MPU-Schlupflöcher: Der Mythos der Abkürzung

Wenn eine MPU ansteht, gibt's ein paar Punkte auf der Checkliste zu beachten – vor allem, wenn Alkohol das Zünglein an der Waage war. Hier ist, was du brauchst:

Erstens: Trockenzeit nachweisen. Also, es muss klar sein, dass du schon eine Weile dem Alkohol Adieu gesagt hast, das ist die sogenannte **Abstinenzzeit**. Die Zeit, die du vorlegen musst, ist so individuell wie dein früheres Lieblingsgetränk und kann bis zu einem Jahr reichen.

Zweitens: Du solltest zeigen, dass du's kapiert hast. Das heißt, du musst während der MPU klarmachen, dass du die Problematik mit Alkohol und Autofahren siehst und auch deine **Einstellung** dazu **geändert** hast. Ein guter Schritt könnte sein, dich vorab in eine MPU-Beratung aufzusuchen.

Drittens: **Gesund checken lassen**, ob du fit genug bist, um dich hinter das Steuer zu klemmen. Wenn der Alkohol dein langjähriger Beifahrer war, könnte dein Arzt sagen: "Komm, wir schauen mal genauer hin", um zu sehen, ob du im wahrsten Sinne des Wortes die Spur halten kannst.

Viertens: Bring genug Deutsch mit, um dich mit dem Prüfer zu unterhalten. Nuscheln oder Schulterzucken, wenn die Frage etwas kniffliger wird, wirkt sich negativ auf das Bestehen aus. Fehlen die **ausreichenden Sprachkenntnisse** haben, muss ein Dolmetscher mit zur MPU.

Beispiel: Sprachprobleme vorhanden

In diesem Zusammenhang ist es wichtig zu wissen, dass du selbst **nicht** einfach jemanden zu deinem Termin mitnehmen kannst, der für dich übersetzt. Der Grund dafür ist, dass die Prüfstelle darauf achten muss, dass genau das wiedergegeben wird, was du auch aussagst und keine Interpretationen oder Hilfestellungen von der übersetzenden Person zu erwarten sind. Daher suchen viele Prüfstellen einen vereidigten Übersetzer, welcher für deinen MPU-Termin anreist und sich um die Übersetzungen kümmert. Wichtig ist, dass du bereits bei der Terminvereinbarung angibst, dass du die MPU mit einem Dolmetscher absolvieren möchtest. Am Tag des Termins ist es nur in extremen Ausnahmefällen möglich, kurzfristig einen Übersetzer oder eine Übersetzerin zu finden. Dies ist selbstverständlich mit Kosten verbunden. Je nach Zeitaufwand müssen zwischen 250 und 500 Euro einkalkuliert werden.

2.4 Ist es möglich, die MPU zu umgehen?

Also, ein Schleichweg an der MPU vorbei – den gibt es nicht. Willst du deinen Führerschein zurück, kommst du um die MPU nicht drumherum. Aber keine Panik, es gibt ein paar Strategien, mit denen du dich schlau machen und deine Chancen verbessern kannst.

Kleine Tipps:

Eine MPU-Vorbereitung macht Sinn und dies hast du mit dem Kauf dieses Buches ja auch schon gestartet. Das ist wie Lernen für die große Prüfung, nur dass hier deine Fahrtauglichkeit auf dem Prüfstand steht. Zusätzlich werden MPU-Beratungen von Profis angeboten, die dir genau zeigen, wie du dich ins rechte Licht rückst. Oder auch nicht schlecht: Ein Anwalt, der auf Verkehrsrecht spezialisiert ist. Der kann dir ein paar Tricks und Kniffe zeigen und dich bei der Wahl des MPU-Institutes geschickt beraten.

Gibt's einen Kniff mit dem EU-Führerschein?

Die Antwort ein klares „Nein“. Der sogenannte „**Führerscheintourismus**“ ist ein No-Go. Ein in der EU rechtmäßig erworbener Führerschein gilt zwar grundsätzlich überall in der Union, aber wer meint, er könnte sich einfach in einem anderen EU-Land ohne MPU eine neue Lizenz zum Fahren holen, der irrt. Denn Deutschland erkennt so ein Trickfingerspiel nicht an, vor allem nicht, wenn du hierzulande schon mal mit Alkohol oder Drogen im Verkehr negativ aufgefallen bist.

Zieht jemand in ein anderes EU-Land um und macht dort den Führerschein, muss bei Rückkehr nach Deutschland der neue Führerschein umgeschrieben werden – inklusive MPU, wenn es eben jene Altlasten gibt. Bis 2009 war dies übrigens noch anders und der Trick hat funktioniert. Aber die Lücke hat der Gesetzgeber erkannt und geschlossen.

Versuche, die MPU zu umgehen, bringen nichts Gutes. Nicht nur, dass es gegen den guten alten Paragrafenwald verstößt, es ist auch schlicht und ergreifend unsicher. Denn wer wegen Alkohol oder Drogen am Steuer Probleme hatte, stellt für alle auf den Straßen ein potenzielles Risiko dar. Also, viel klüger ist es, sich mit seinen **Fehlern auseinanderzusetzen** und sich, wenn nötig, **professionelle Unterstützung** zu holen. So kannst du die MPU meistern und sicher wieder Gas geben. Liess dieses Buch dazu genau und halte dich an die Regeln und lass Alkohol nicht ans Steuer. Das ist auch für die Zukunft nach der MPU der einfachste Weg, um nie wieder bei einer weiteren MPU zu landen.

2.5 Zukunft Autofahrt: Bleibt die MPU auch beim Fahren 2.0?

Stell dir vor, du sitzt ganz entspannt in deinem Auto, schnüffelst am Kaffeeduft, blätterst durch die Zeitung – und das alles mitten auf der Autobahn. Keine Panik, du bist nicht am Steuer, dein Auto hat das Ruder selbst übernommen. Der technische Fortschritt düst eben auch an unseren fahrenden Untersätzen nicht einfach vorbei. Brauchen wir also noch die MPU, diese berühmt-berüchtigte medizinisch-psychologische Nagelprobe, wenn Autos bald ganz alleine lenken, bremsen und tröten?

Der Einwand der Technikskeptiker

Und da könnte eine technikverliebte Seele einwenden: "Selbstfahrende Autos vertun sich doch nicht!" Es dürfte aber auf der Hand liegen, dass du weiterhin eine MPU brauchst, um zu zeigen, dass neben deiner fahrenden Blechdose auch deine grauen Zellen noch rund laufen. Denn selbst die schlauesten Roboter machen mal schlapp, wenn der Mensch nicht hinschaut. In der Welt, in der sich die Reifen scheinbar magisch selbst drehen, gibt es vielleicht Momente, in denen dein Auto die Hände hebt und sagt: "Sorry, aber hier ist Ende der Fahnenstange" – und dann bist du gefragt. Kannst du übernehmen, ohne dass gleich die Leitplanke zur Begrüßung winkt? Obwohl Autopiloten das Steuer übernehmen können, liegt die **ultimative Verantwortung weiterhin beim Menschen**. In unerwarteten Gefahrensituationen kann es unabdingbar sein, dass eine Person eingreifen muss.

Selbst bei Tesla gab es in letzter Zeit ein paar Bruchlandungen – ich meine natürlich Autopilot-Unfälle. Und schwupps, wird aus der Traumwelt vom autonomen Fahren schnell eine Schlagzeile auf Erden. Diese oft kleinen Auffahrunfälle, Interaktionen mit Leitplanken und sonstige Kollisionen zeigen uns: Die Sache läuft noch nicht völlig rund.

Ein Blick in die Zukunft

Wir stehen irgendwo zwischen "Zurück in die Zukunft" und "Fahrtenbuch führen" und warten geduldig, bis "Autopilot" weniger "Auto" und mehr "Pilot" wird. Bis es so weit ist, sage ich: Die Hände ans Steuer, den Blick nach vorn und den Kaffee bitte in die Ablage. In 20 Jahren mag alles anders aussehen und die Autos können vielleicht auch schon mit Autopiloten fliegen. Willst du aber viele Jahre abwarten, um den Schein wiederzuerlangen?

2.6 Unvergessen? Wann Verkehrsvergehen in Vergessenheit geraten

Ein Verwirrspiel zwischen MPU, Tilgung und Verjährung? Erstmal klar Schiff: MPU-Anordnungen kennen keine Halbwertszeit. Die Behördenbilanz schließt nicht einfach, nur weil Jahre ins Land ziehen. Egal, wie alt die Aufforderung zur MPU ist, sie verschwindet nicht einfach durch Zeitablauf. Wenn du einen entsprechenden Brief bekommst, leg ihn nicht zu den alten Liebesbriefen – es hat seine Folgen, wenn du ihn ignorierst.

Tilgung im Verkehrszentralregister

Die Sache ist aber die: Was im Verkehrszentralregister steht, kann irgendwann gelöscht werden, aber das ist wie das Löschen einer App auf deinem Handy – die Daten, die anderswo gespeichert sind, bleiben. MPU ist so eine Art hartnäckige App, sie bleibt auf deiner To-do-Liste, ganz egal, was im Register passiert.

Verjährung und Realität

Wenn dir das Steuer bei zu viel Promille entglitten ist, tickt die Uhr für die Tilgung im Register zwar 10 Jahre lang, aber das ist nicht das Ende vom Lied. Selbst wenn der Timer abläuft und dein Punktekonto im Fahreignungsregister (FAER) auf null gesetzt wird, heißt das nicht, dass du den Führerschein automatisch zurückbekommst oder die MPU im Rückspiegel verschwindet. Wieder auf der Fahrerlaubnisautobahn zu cruisen, könnte trotzdem noch eine neue Prüfung und die gute alte MPU bedeuten.

Konsequenzen ignorierter MPU-Anordnungen

Wenn du die MPU-Anordnung ignorierst, bedeutet das nicht, dass das Problem von selbst verschwindet. Ganz im Gegenteil: Die Behörden können dir weitere Steine in den Weg legen, was im schlimmsten Fall zu einem dauerhaften Verlust deiner Fahrerlaubnis führen kann. Es ist also essenziell, solche Aufforderungen ernst zu nehmen und fristgerecht zu handeln.

Aufforderung zur MPU verschwindet nicht

Um Missverständnissen vorzubeugen: Die MPU und die zugehörigen Konsequenzen sind nicht zeitlich begrenzt und verschwinden nicht von selbst. Tilgung und Verjährung im Register betreffen andere Aspekte, aber die tatsächliche Fahreignung bleibt bestehen. Wer also sichergehen möchte, wieder sicher und legal auf den Straßen unterwegs zu sein, muss sich der MPU stellen – ganz egal, wie viel Zeit vergangen ist.

3 Der große MPU-Showdown: Ein Tag wie kein anderer

Was steht auf dem Programm, wenn die MPU ruft? Wir rollen den roten Teppich aus für eine szenische Beschreibung des Ablaufs – aus deiner Perspektive, dem Hauptakteur. Schnapp dir dein Drehbuch. Eine anschauliche Grafik zeigt dir jede Etappe deiner MPU-Odyssee. Bereit für den großen Auftritt? Also Vorhang auf für die Schritt-für-Schritt-Inszenierung deiner MPU.

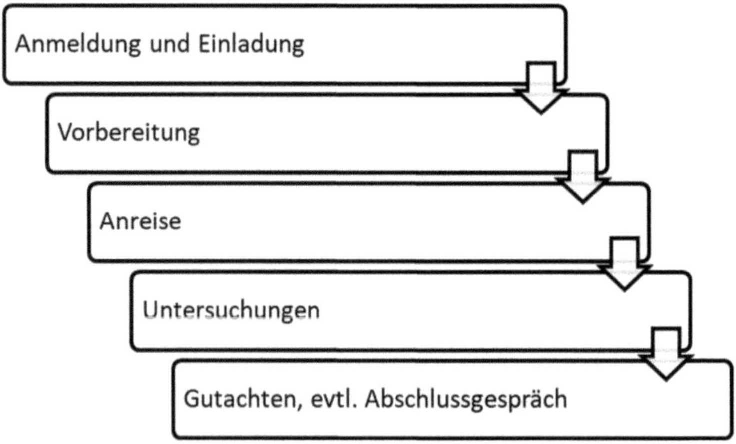

Abbildung: Ablauf der MPU

Dein Weg zur MPU: Bereite dich vor und meistere die Herausforderung

Die Wahl liegt bei dir: Übernimm das Steuer und such dir deine MPU-Begutachtungsstelle selbst aus. Die Führerscheinbehörde hält sich aus der Sache raus, gibt dir aber gerne Adressen in Schlagdistanz an die Hand – Hauptsache, die Adresse ist im amtlichen Verzeichnis gelistet. Obwohl jede Bude anders aussieht, ist der MPU-Teil immer derselbe. Und um den perfekten Match für dich zu finden, horch doch mal in einer Infosession bei dem Anbieter rein oder frage einfach andere nach ihren Erfahrungen.

Die Anmeldung zur MPU

Sobald du gewählt hast, meldest du dich an und wartest dann auf den Brief mit dem großen Date – die MPU. Vorher klärst du noch die Sache mit der Bezahlung. Dann heißt es büffeln und dich mit allen Tricks wappnen. Vielleicht holst du dir eine/n MPU-Coach ins Boot oder du stürzt dich selbst ins Info-Meer – so wie mit diesem Ratgeber hier.

Vorbereitung ist alles

Die Tour zum Prüfort hat was von einer Expedition: mach dich schlau, packe alles ein (ja, auch die Lesebrille, wenn die Augen streiken) und steck dir ein Sandwich, Wasser und etwas Süßes für die Nerven ein. Gib dem Ort vorher noch einen Check, plan' genug Puffer für die Reise ein – und geh auf Nummer sicher, dass du nicht wie ein irrer Headbanger durch die Tür fliegst, sondern ganz gechillt bist. Zieh dich schick an, lass aber die Krawatte daheim – angenehm soll es sein, nicht einschnürend.

Mit **allen Papieren** im Gepäck, also Einladungsschreiben, Ausweisdokumente, eventuell ärztliche Gutachten oder andere Nachweise, stehst du dann parat. Und noch ein Pro-Tipp: Lass genug Zeit für ein entspanntes Frühstück, das poliert die Aura für den Tag auf. Halte dich flüssig und auf Trab mit Snacks, denn das trägt dich durch den Wartemarathon und die Überprüfung deiner Fahrtüchtigkeit.

Der Prüfungstag

Am großen Tag der MPU-Prüfung ist es wichtig, gut vorbereitet und entspannt zu sein. Dein Nervenkostüm sollte stabil sein, und das erreichst du am besten durch eine gute Mischung aus Vorbereitung und Entspannung. Packe dein bestes Selbstbewusstsein ein – der Tag gehört dir!

Erstes Fazit: Such dir eine MPU-Begutachtungsstelle, melde dich an, bereite dich sorgfältig vor, und halte am Tag der Prüfung all die wichtigen Dokumente und Snacks bereit. Mit der richtigen Vorbereitung und der passenden Bereitstellung wirst du diese Hürde meistern. Es ist dein Weg zurück auf die Straße – mach das Beste draus!

Tipp: öffentliche Verkehrsmittel

Du solltest öffentliche Verkehrsmittel nutzen, überprüfe die Fahrpläne und veranschlage ausreichend Zeit für Umstiege oder Verspätungen. Gerade letztere sind bei der Deutschen Bahn ja Alltag. Stell sicher, dass du Tickets oder Fahrkarten im Voraus besorgen hast, um das Risiko von unangenehmen Überraschungen zu reduzieren. Schau auch die Nachrichten am Vortrag noch mal an, es kann ja sein, dass in deiner Region mal wieder gestreikt wird.

Dein MPU-Marathon: Der Ablauf im Detail am wichtigen Tag

Der MPU-Marathon beginnt nach deiner gut geplanten Anfahrt. Du kommst im Prüfzentrum an, checkst ein und bereitest dich mental auf die nächsten Etappen vor. Nun geht es Schritt für Schritt zum Ablauf der MPU.

Ankunft und Anmeldung

Am Empfang registrierst du dich zunächst mal, bekommst eine Einführung zum Ablauf und teilst noch ein paar Infos wie deine Personalien mit. Je nachdem hast du die Gebühr schon überwiesen oder regelst das gleich vor Ort. Checke unbedingt im Vorfeld, wie das Center die Zahlung abwickeln lässt. Am Empfang bekommst du in der Regel auch ein Informationsblatt und mehrere Fragebögen. Die Formulare wollen es wissen: Lebenslauf, Gesundheitszustand und die Story hinter deiner MPU, also etwaige Alkohol- und Trunkenheitsfahrten. Manchmal geht das die Datenaufnahme auch direkt am Empfangsschalter durch ein Interview vonstatten.

Medizin-Check, psychologisches Interview und Reaktionstests

Jetzt beginnt der eigentliche Marathon: Medizin-Check, psychologisches Interview und Reaktionstests stehen auf dem Programm. Das Ganze läuft in keiner festgelegten Reihenfolge ab. Es kann also sein, dass du mit dem medizinischen Teil startest oder eben mit dem psychologischen oder dem Leistungstest. Jeder hat seine eigene Startlinie – du wirst sicherlich Begleiter haben, die mit dir starten, aber jeder sprintet in eine andere Richtung. Zwischendurch gibt es immer wieder Wartezeiten – mal mehr, mal weniger. Bei jedem Abschnitt wirst du in einen Raum gebeten, wo ein Gutachter oder eine Gutachterin das Zepter übernimmt. Nehmen wir mal den psychologischen Teil als Startpunkt.

Die drei Untersuchungen

In der **psychologischen Untersuchung** wird tief in deiner Vergangenheit und Persönlichkeit gegraben. Alles mit dem Ziel, herauszufinden, ob du bereit und fähig bist, deine Fahrweise zu ändern. Diese Sitzungen können intensiv sein, da sie deine Einstellungen und Verhaltensweisen reflektieren.

In den **praktischen Tests** erfolgt das Testen deiner Reflexe und deiner Reaktionsfähigkeit. Hier kannst du dein Können direkt unter Beweis stellen.

Beim **Gesundheitscheck** wird dein körperlicher Zustand unter die Lupe genommen – sei es ein Sehtest, Bluttest oder andere medizinische Standarduntersuchungen.

Abschlussgespräch und Ergebnisermittlung

Das **Finale** krönt in vielen Fällen ein **Abschlussgespräch**. Hier wird reflektiert. Dein Gutachter gibt dir einen Eindruck von deiner psychologischen Performance. Nutze diese Chance für Fragen und Klärung von Zweifeln und hol dir Tipps für den Weg nach vorne.

Gutachtenerstellung und Weitergabe

Nach dem kompletten Parcours werden deine Ergebnisse analysiert und es entsteht dein Gutachten. Das Gutachten, zusammengeschrieben von den Gutachtern aus Psychologie und Medizin, beleuchtet deine Eignung am Steuer und gibt dir Ratschläge oder Auflagen mit auf den Weg. Diese können unter anderem die Teilnahme an weiteren Schulungen, ein bestimmtes Verhalten im Straßenverkehr oder regelmäßige Nachuntersuchungen beinhalten. Das Gutachten wandert entweder direkt zu dir oder zur Behörde – aber aufgepasst: **Du solltest das Gutachten, wenn möglich, erst einmal selbst erhalten.** Dann kannst du immer noch entscheiden, ob du es der Behörde weitergibst.

Zweites Fazit: Die MPU ist ohne Zweifel ein echter Nervenkrimi, weil dein Führerschein auf dem Spiel steht. Geh das Ganze gut vorbereitet an, hol dir im Zweifel einen Profi zur Seite – das steigert deine Chancen auf Grünes Licht für deine Fahrerlaubnis. Nun zu den einzelnen Stationen, angefangen bei den Leistungstests.

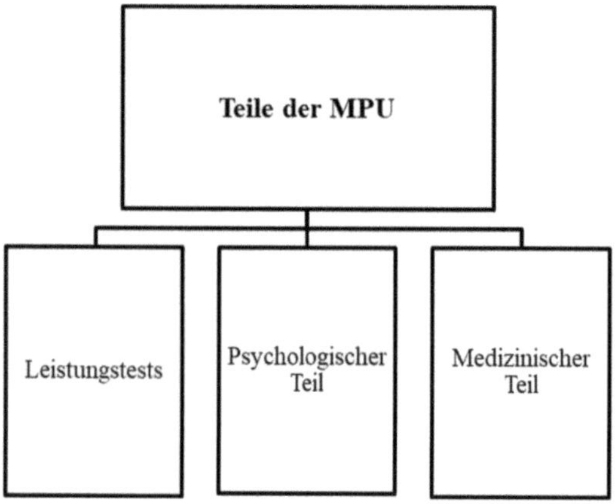

Abbildung: Teile der MPU

3.1 Mental-Olympiade: Die Leistungstests bei der MPU

Die großen Spiele der MPU: Bei der Talentschau für zukünftige Straßenflitzer – der Medizinisch-Psychologischen Untersuchung mit dem Fokus auf Alkohol – kommst du um die Herausforderung der Leistungstests nicht herum. Hier geht es drum, deine Skills auf die Probe zu stellen: Wie steht's um deine Konzentration, deine Sinnesschärfe, wie fix und präzise sind deine Reaktionen und wie robust ist dein Nervenkostüm? Es wird mit allem gespielt, was das Test-Repertoire zu bieten hat: visuelle und akustische Reize machen die Runde und setzen dich ordentlich unter Strom. Aber keine Sorge, es wird nichts dem Zufall überlassen – jede Begutachtungsstelle hat ihre bewährte Toolbox, aus der sie die passenden Werkzeuge für die jeweilige Aufgabenstellung zieht.

Merke:

Mach Dir keinen Stress. Du benötigst für die Tests keine Computerkenntnisse. Das Vorgehen wird Dir ganz exakt und in Ruhe erklärt. Also: Wirklich keine Panik bei der relativ einfachen Prüfung.

Bremsen, bitte

Willkommen in der digitalen Arena der MPU, wo du dich wie ein Rennfahrer am Simulator fühlen kannst. Einer der Hits in diesem High-Tech-Parcours ist der sogenannte **Bremspedaltest**. Stell dir vor, du sitzt im Cockpit und ein rotes Warnlicht auf dem Display fordert dich auf: „Bremsen, bitte!". So simpel das klingt, so aufschlussreich ist es, denn hier wird gemessen, wie flink du auf die Tube drückst – oder eben auf das virtuelle Bremspedal. Aber warte, es gibt Variationen bei dem simplen Test! Manchmal spielt dir der Screen ein buntes Farbenfeuerwerk vor, während deine Ohren von verschiedenen Pieptönen über Headphones umschmeichelt werden. Und plötzlich, Zack! Ein weiteres Signal, und du musst wieder auf die Bremse steigen. Deine Fähigkeiten, blitzschnell zu reagieren und geschickt zu koordinieren, stehen also im Mittelpunkt.

Spielen macht Spass, oder?

Ein anderer möglicher Test wäre der **Computertest**, bei dem du, wie ein Geheimagent, auf unterschiedliche Signale reagieren musst, die auf deinem Monitor erscheinen – mal sind es Farben, mal Formen.

Sollte dein Reflex mal nicht so superheldenhaft ausfallen, heißt es nicht Endstation. Stattdessen gibt's die zweite Runde, den **Paralleltest**, um zu schauen, ob vielleicht externe Faktoren deine Superkräfte gestört haben. Und bleibt das Resultat weiterhin unbefriedigend, geht's ab auf die Straße: eine Stunde Live-Action in der Fahrkabine, begleitet von Fahrlehrer und Psychologe. Hier hat dein Fahrstil die Chance, sich von seiner besten Seite zu zeigen. Nur in echt seltenen Fällen, wenn das Testkarussell keinen klaren Sieger gekürt hat, wird die Straßenshow nach einem halben Jahr wiederholt, um zu schauen, ob du dauerhaft die Kurve kriegst. Bei dem Test durchzufallen ist schwer. Er ist vermutlich der lockerste in der MPU.

3.2 Psycho-Parcours: Der psychologische Teil der MPU

Der Seelenspiegel der MPU – das ist der psychologische Block, der wie ein Detektiv in deine Psyche blickt. Es geht darum, herauszufinden, wie du tickst, wenn es um Sicherheit im Verkehrsdschungel geht. Ein versierter Psychologe, mit allen Wassern gewaschen, nimmt dich unter die Lupe durch Tests und tiefgehende Dialoge.

Das Interview: Persönliche Gespräche und Einblicke

Stell es dir wie ein Interview vor: Es wird ziemlich persönlich. Denn bei der Herzensangelegenheit – dem Fahren – geht es nicht nur um die Reifen auf dem Asphalt, sondern auch um die innere Haltung. Die Tour beginnt mit einem

Rückblick auf deine Fahrbiografie, steuert vorbei an deiner Beziehung zu Alkohol und erkundet jede Kurve deiner Persönlichkeit.

Fragebögen als Fundament

Das Ganze wird mit Fragebögen unterfüttert, die so ein bisschen wie das Fundament für den weiteren Verlauf sind. Diese Fragen helfen, ein umfassendes Bild deiner Hintergrundgeschichte und deines gegenwärtigen Verhaltens zu zeichnen.

Rückblick auf deine Fahrbiografie und deine Beziehung zu Alkohol

Im Gespräch wird dann alles Wichtige aufgedeckt: Wie du dich im Verkehr verhältst, ob du verantwortungsvoll auftrittst und wie gut du die Spielregeln auf der Straße kennst. Und ja, auch deine Vergangenheit, die unrühmlichen Momente, die dich überhaupt erst zur MPU geführt haben, werden nicht ausgespart. Hier zählt eine ehrliche Antwort, um ein klares Bild zu bekommen.

Psychologische Testverfahren: Auf Herz und Hirn geprüft

Um das Ganze abzurunden – und weil wir Menschen manchmal Rätsel sind – gibt es noch psychologische Testverfahren, die dich auf Herz und Hirn prüfen: Wie wachsam bist du, wie schnell reagierst du und können deine Gedanken nicht nur langen Staus, sondern auch kniffligen Aufgaben standhalten?

Der Abschlussbericht: Zusammenfassung aller Erkenntnisse

Am Ende schnürt der Psychologe oder die Psychologin den ganzen Erkenntnisreichtum zu einem Bericht zusammen. Diese umfassende Zusammenstellung dient als Grundlage für die Entscheidung, ob du bereit bist, wieder hinter dem Steuer Platz zu nehmen.

3.3 Der Medizin-Check: Auf Blut und Leber geprüft

Auf der medizinischen Bühne der MPU triffst den medizinischen Gutachter. Ähnlich wie im psychologischen Teil fängt alles mit einer Zeitreise in deine gesundheitliche Vergangenheit an – das ist deine Anamnese. Die medizinische Person will alles wissen: alte Zipperlein, aktuelle Wehwehchen und ja, sogar die Achillesfersen deiner Familie, falls diese genetisch vererbt sein könnten. Hier geht es um Fragen, die direkt auf das Herz der Fahrtüchtigkeit zielen. Der Gutachter möchte herausfinden, ob es gesundheitliche Stolpersteine gibt, die zwischen dir und dem Steuer stehen könnten.

Beispiel: Frage zur Familienanamnese

Im Zusammenhang mit einer Alkoholproblematik könnte z. B. die Fragen kommen: «Welchen Lebensstil haben Familienmitglieder geführt?» oder «Gab es Fälle von Rauchen, Alkohol- oder Drogenkonsum?» oder «War Ihr Vater oder Ihre Mutter alkoholabhängig?» oder «Sind in Ihrer Familie Erkrankungen bekannt, die mit Alkohol- oder Drogenmissbrauch in Zusammenhang stehen, wie beispielsweise Lebererkrankungen oder Krebs?» oder «Gab es in Ihrer Familie Fälle von Verkehrsunfällen, die auf Alkohol- oder Drogenkonsum zurückzuführen waren?» oder «Gab es in Ihrer Familie Fälle von Gewalt, die im Zusammenhang mit Alkohol- oder Drogenkonsum standen?». In Kapitel 8.2 kriegst du noch einen tieferen Einblick in die Fragen.

Individuelle Geschichten: medizinische Episode der MPU

In der medizinischen Episode der MPU gleicht kein Skript dem anderen – jede Geschichte ist so individuell wie der Fahrzeugführer selbst. Dein Auftritt in der medizinischen Show sollte nahtlos an deine Performance im psychologischen Akt anknüpfen sowie keine Stolperdrähte zwischen dem, was du redest und dem, was die Werte reden! Falls da Widersprüche aufkommen, sieht es für dein

Gutachten nicht gut aus. Widersprüche und damit eine vermutete erfundene Geschichte mögen die medizinischen und psychologischen Spezialisten gar nicht.

Der medizinische Check: Herzschlag bis Reflexe

Hier, im Check-up-Zimmer, kommt alles auf den Prüfstand: ob dein Körper bereit ist, im Cockpit zu bestehen. Es gibt eine fast komplette Rundum-Inspektion im Zusammenhang mit deiner Fahreignung, alles von Herzschlag und Blutdruck bis zu Sehen und Hören, und deine Reflexe. Beispiele für ärztliche Tests sind:

- Zur Überprüfung deiner **Koordinationsfähigkeiten** führst du die sogenannte **Nasentippübung** durch. Hierbei breitest du deine Arme aus, schließt die Augen und versuchst, mit den Zeigefingern beider Hände punktgenau die Nasenspitze zu berühren. Die Präzision dieser Bewegung ist entscheidend.
- Der Arzt bittet dich, entlang einer **imaginären Linie** zu gehen, also einfach mehrere Meter geradeaus laufen ist gefragt. Ziel dieser Übung ist die Bewertung deines **Gleichgewichtssinns**. Dazu gehört auch, dass du einige Sekunden mit geschlossenen Augen stabil stehen musst. Falls dies gelingt, kann gefordert werden, ein paar Sekunden auf einem Bein zu stehen.
- Auch die **Reaktionsgeschwindigkeit deiner Pupillen** könnte getestet werden. Dabei wird dir mit einer hellen Lampe in die Augen geleuchtet und der Mediziner beobachtet genau, wie deine Pupillen darauf reagieren. Das kennst du vielleicht schon aus Verkehrskontrollen.

Blut und Urin sagen was aus

Aber das ist weiterhin nicht alles: Du drehst auch eine Runde durch die **Labore**, denn Urin und Blut lügen nicht. Da wird gefahndet nach unrühmlichen Besuchern wie Alkohol und Drogen, und dein Blut verrät mehr, als du denkst – von deiner Leberfunktion bis hin zu verräterischen Enzymen. Vielleicht hast du von den Leberenzyme Gamma-GT (Gamma-Glutamyltransferase), ALAT (Alanin-

Aminotransferase) und ASAT (Aspartat-Aminotransferase) schon gehört? Detektivarbeit vom Feinsten, um herauszubekommen, ob deine Leber den Beifahrer Alkohol allzu gerne hat. Wenn deine Leberwerte erhöht sind, kann dies ein Hinweis auf eine Leberschädigung durch Alkoholkonsum sein.

Tipp:

Vor einer MPU ist es sinnvoll beim Hausarzt ein Blutbild anfertigen sowie die Leberwerte überprüfen zu lassen.

Spezialisten im Einsatz: Experten für detaillierte Checks

Sollte der Verdacht auf etwas Spezielles bestehen, zückt die MPU das Telefon und ruft die Spezialisten: Augenärzte, Ohren-Docs und wer sonst noch den Gesundheits-Checkpoint passieren muss. Aber bevor du jetzt Panik bekommst – längst nicht jeder muss durch den kompletten medizinischen Hindernisparcours hüpfen. Welche Test-Runde für dich ansteht, hängt ganz von deinem persönlichen Drehbuch und den Empfehlungen des Gesundheitsregisseurs ab.

Tipp: Informationen vom Arzt mitnehmen

Wenn du Berichte oder Befunde von deinem Hausarzt mitbringst, machst du nicht nur einen guten Eindruck beim Arzt, sondern hilfst ihm auch dabei, deine Krankengeschichte besser zu verstehen. Dadurch kann er gezielter auf deine etwaige Beschwerden eingehen und eine präzisere Anamnese stellen. Außerdem sparst du Zeit, da keine unnötigen Tests wiederholt werden müssen, die bereits durchgeführt wurden.

4 Dein Trainingsprogramm zur MPU: So machst du dich startklar

Nun beginnt dein persönlicher Trainingsplan auf dem Weg zur MPU. In diesem Kapitel wirst du voll ausgerüstet: Mit Know-how, Tipps und Übungen wird sichergestellt, dass du für das große Event bestens vorbereitet bist. Ähnlich wie bei einem Marathon, bei dem jeder Schritt, jede Atempause zählt, werden wir jeden Aspekt deiner bevorstehenden MPU akribisch durchgehen. Wir schärfen nicht nur dein Wissen rund um den Verkehr, sondern auch deine Achtsamkeit gegenüber den Dingen, die dich hierhergeführt haben. Mach dich bereit für ein intensives Training, das dich in die Pole Position für den Tag X bringt. Starte die Motoren, denn mit diesem Kapitel wirfst du den Turbo für deine MPU-Vorbereitung an!

4.1 Den vollen Durchblick bekommen: Akten anfordern

Tauche ein in die Chronik deiner verkehrstechnischen Schandtaten – oder sollten wir sagen, der Ausrutscher? Einsicht in deine Akten vor der MPU zu nehmen, ist wie der Besuch einer alten, staubigen Bibliothek, wo du das Buch deiner Fahrgeschichte aufschlägst und Seite für Seite deine Taten enthüllst.

Spurensuche: Motiv und Puzzleteile deines MPU-Wegs

Du wirst zum Spurensucher in eigener Sache. Was war das Motiv hinter dem Fauxpas am Steuer? Welche Puzzleteile haben den Weg zur MPU gepflastert? In deinen Akten steckt der Schlüssel: All die kleinen und großen Hinweise, die zeigen, welche Herausforderungen du meistern musst, um wieder als Fahrer mit dem Auto dem Sonnenuntergang entgegenzufahren.

Stolpersteine entfernen: Akten auf Fehler prüfen

Und stolperst du in deinen Unterlagen über den einen oder anderen Stein, der nicht ins Bild passt, hast du die Chance, diesen aus dem Weg zu räumen und faires Spiel zu gewährleisten. Die **Akten sind also auf etwaige Fehler zu überprüfen**, um sicherzugehen, dass das Verfahren gerecht verläuft.

Antrag zur Akteneinsicht stellen: Präzision zählt

Um die notwendigen Unterlagen für deine MPU zu besorgen, ist es an der Zeit, Kontakt mit der verantwortlichen Behörde oder der Polizeidienststelle aufzunehmen. Dort schlummern die Akten zu deinen kleinen (oder großen) Missgeschicken im Straßenverkehr. Dank **§ 29 des Bundesdatenschutzgesetzes** steht dir das Recht zur Akteneinsicht zu. Schnapp dir ein Formular, begründe darin deinen Wunsch und mach dich auf ein paar Gebühren gefasst.

Anwalt konsultieren: Navigieren durch den Antrags-Dschungel

Falls es dir wie ein Labyrinth aus Paragraphen und Formalien vorkommt, zögere nicht, einen Anwalt um Rat zu bitten. Mit seiner Expertise navigierst du sicher durch die Aktenflut. Ein Anwalt kann dir allgemein eine enorme Hilfe sein, den Antrags-Dschungel zu durchqueren.

Akteneinsicht vor Ort: Treffen nach alten Regeln

Sobald dein Antrag das grüne Licht bekommt, ist es an der Zeit, ein Date mit deinen Akten zu vereinbaren. Normalerweise wird dir ein Stuhl in der heiligen Halle der Behörde zugewiesen, wo du dich in Ruhe mit deinen Unterlagen vertraut machen kannst. Denk dran: Es ist ein Treffen nach alten Regeln - das Durchblättern ist gestattet, das Kopieren hingegen bleibt in der Regel ein Tabu. Viele fotografieren deshalb die Unterlagen mit dem Handy ab.

Offizielle Kopien anfordern: Vollständige Analyse gewährleisten

Sicher dieser **Handy-Schnappschuss deiner Akten** ist möglich, sollte aber kein Mittel der Wahl sein. Möglicherweise sind die Fotos unscharf oder unvollständig, was zu einer fehlerhaften Auswertung führen kann. Falls du die mit einem MPU-Berater zusammenarbeitest, sind die Bilder so ein wenig wie ein Selfie in seinem Spiegel – es verrät nicht genug für seine vollständige Analyse. Dein Berater ist ein Profi, der mit der kompletten Geschichte arbeiten muss, um dich ideal vorzubereiten. Besser ist es also, die Beamten um eine offizielle Kopie deiner Akten zu bitten. So wird gewährleistet, dass du die beste Einsicht hast oder dein Berater. Auch hier kann übrigens wieder ein Anwalt helfen. Er schreibt nicht nur den Antrag elegant und treffend, sondern kann auch direkt bei der Akteneinsicht wertvolle Notizen für dich machen – denn Kopien sind, wie eben schon gesagt, in diesen heiligen Hallen nicht immer gestattet. Der Anwalt kann für dich die diplomatischen Wege ebnen kann, auch wenn das den einen oder anderen Euro extra kosten mag. Der Anwalt selbst arbeitet freilich nicht umsonst, da können sich schnell 1.000 Euro an Kosten für seinen Einsatz aufsummieren.

Bedeutung des Aktenstudiums: Meilenstein zur Vorbereitung

Kurz und knapp: Dein Schlüssel für eine erfolgreiche MPU liegt im feinsäuberlichen Sammeln und Bearbeiten der Dokumente über deinen Fall, und dafür ist oft ein kleiner Verwaltungstanz unumgänglich. Im Großen und Ganzen bildet das Aktenstudium einen bedeutenden Meilenstein für deine Vorbereitung, trägt zur erfolgreichen Bewältigung der MPU bei und unterstützt dich dabei, den Weg zur Wiedererlangung deiner mobilen Freiheit zu ebnen.

Beispiel: Theas Fotokünste

Thea stand von Anfang an vor einer echten Herausforderung. Nachdem ihr Antrag auf Akteneinsicht erfolgreich war, erhielt sie einen Termin bei der Behörde, um die Unterlagen, die zu ihrer anstehenden MPU führten, einzusehen. Sie betrat das Gebäude und wurde in einen kargen Raum geführt, der mit Aktenordnern nur so wimmelte. Dann traf sie auf die beeindruckende Sammlung: 950 Seiten, die ihr Verkehrsleben der letzten Jahre dokumentierten. Thea hatte sich vorgenommen, fotografische Beweise des ganzen Stapels zu sammeln. Sie zückte ihr Smartphone und begann, Seite um Seite abzulichten. Insgesamt brauchte sie mehr als vier Stunden für die Aktion.

4.2 Vorbereitung mit Herz: Der Weg zur ehrlichen MPU-Bereitschaft

Bevor du dich kopfüber in das Abenteuer MPU-Vorbereitung stürzt, mach mal einen inneren Boxenstopp. Frag dich selbst – keine Ausreden, kein Drumherum-Reden – was eigentlich schiefgegangen ist. Welche Fehltritte oder liebgewonnenen, aber gefährlichen Gewohnheiten haben dich an diesen Startpunkt gebracht? Nur mit einer gehörigen **Portion Selbstehrlichkeit** und einer kräftigen **Dosis Selbstreflexion** bist du wirklich bereit, den Fragen der MPU-Experten zu begegnen und alte Muster zu durchbrechen.

Positive Sichtweise: Sicher und gelassen der MPU entgegen

Zum großen Umbau gehört unbedingt eine Schippe voll Zuversicht und Verantwortungsgefühl. Sag «Ja» zur Herausforderung, akzeptiere, dass die MPU kein Schreckgespenst, sondern eine Chance ist, zu zeigen, dass du deine Lektion gelernt hast. Mit dieser positiven Sichtweise und dem Bewusstsein deiner Verantwortung kannst du selbstsicher und gelassen der MPU ins Auge blicken.

Beispiel: Noah's Weg zur MPU

Noah war ein Mann, der das Leben in vollen Zügen genoss. Feierabend bedeutete für ihn, die Sorgen und den Stress des Alltags einfach hinter sich zu lassen und sich bei einem kalten Bier zu entspannen. Doch Noahs Freude am Alkohol hatte negative Folgen. Nach einer Reihe von Verkehrsvorfällen unter Alkoholeinfluss wurde Noah zur medizinisch-psychologischen Untersuchung (MPU) geschickt.

Dies war ein Wendepunkt in seinem Leben, der ihn dazu zwang, seine eigenen Entscheidungen zu überdenken und Verantwortung für sein Handeln zu übernehmen. Noah jedoch entschied sich zunächst, auf seinem bisherigen Weg zu verharren. Er weigerte sich, Einsicht zu zeigen und gab stattdessen anderen die Schuld für sein Fehlverhalten. Seine Verweise auf angeblich schlechte Straßenverhältnisse oder andere Fahrer, die ihn zu riskantem Verhalten verleiteten, waren seine Art, seine eigene Verantwortung zu leugnen. Am Trinken waren auch die Freunde schuld, da sie ihn mitrissen.

Die MPU war jedoch keine bloße Formalität. Die Gutachter erkannten Noahs mangelnde Einsicht und seine Bemühungen, die Schuld auf andere abzuwälzen. Sie forderten von ihm eine tiefgründigere Selbstreflexion und die Bereitschaft, sich mit den eigenen Schwächen auseinanderzusetzen. Nach der Reflexion wurde Noah schließlich klar, dass er nicht länger vor seiner eigenen Verantwortung davonlaufen konnte. Er begriff, dass er die Kontrolle über seine Entscheidungen und sein Leben zurückgewinnen musste, indem er seine Beziehung zum Alkohol neu definierte. Noah begann, sich professionelle Hilfe durch einen MPU-Berater zu suchen. Er legte den Grundstein für eine erfolgreiche MPU, indem er ehrlich und reflektierend über die Konsequenzen seines Alkoholkonsums mit seinem Berater sprach. Durch diese Einsicht konnte er den Anforderungen der Untersuchung gerecht werden.

4.3 Nur mit Änderungen geht es wieder in die Spur

Nochmal kurz zum Sinn der MPU: Die MPU, oder die Medizinisch-Psychologische Untersuchung, ist ein Prozess, den jemand durchlaufen muss, wenn es darum geht, die Fahrberechtigung nach einem Führerscheinentzug, beispielsweise aufgrund von Alkoholmissbrauch, wiederzuerlangen. In dieser Prüfung wird deine Eignung hinter dem Steuer bewertet. Hast du wegen des Trinkens deinen Lappen verloren, stehen Veränderungen an: Es geht darum, Muster zu durchbrechen und bewusst andere Wege zu gehen, um beim MPU-Check zu punkten. Diese Umschwünge reichen von deinen Gedanken bis hin zu deinem Handeln. Sie haben einen bleibenden Einfluss auf deine Gesundheit und Lebensqualität. Willst du einen neuen Start wagen, sind hier fünf Strategien, die dir auf dem Weg helfen:

- **Trockenes Land**: Zeige durch den kompletten Verzicht auf Alkohol, dass du einen Neuanfang machst. Für die Überzeugungsarbeit bei der MPU zählt eine klare Phase der Abstinenz von mindestens sechs Monaten.
- **Gemeinsam stark**: Selbsthilfegruppen wie Anonyme Alkoholiker oder das Blaue Kreuz demonstrieren, dass du das Problem anpackst und bereit bist, Hilfe anzunehmen.
- **Inneren Frieden finden**: Mit Psychotherapie oder einer Sucht- oder MPU-Beratung gehst du den Ursachen deines Trinkens auf den Grund und lernst, anders mit Herausforderungen umzugehen. Lese hierzu auch mehr in Kapitel 5.
- **In Bewegung bleiben**: Sport und andere Tätigkeiten helfen, den Griff zum Glas lockerzulassen und fördert gleichzeitig dein Wohlbefinden.
- **Gesellschaft genießen**: Engagiere dich im sozialen Leben und knüpfe Kontakte, um deinem Selbstwertgefühl einen Boost zu geben und dem Verlangen nach Alkohol zu senken. Löse dich besonders von einem Freundeskreis, der dich immer wieder zum Trinken motiviert hat.

Diese Ansätze werden wir in den folgenden Kapiteln noch genauer ausleuchten. Dabei gilt es zu bedenken: Jeder ist anders, und was für dich zählt, mag für den nächsten ganz anders sein. Und noch etwas: **Eine Verhaltensänderung allein reicht nicht aus. Um die MPU zu bestehen, bedarf es eines tieferen, festen Wandels deiner Einstellung und deines Tuns in Bezug auf Alkohol.**

4.4 Selbstbeobachtung ist Trumpf: Trinkverhalten auf die Watchlist

Na, dann lass uns nicht mehr durch die Nebelschwaden deiner feucht-fröhlichen Vergangenheit navigieren. Eine realistische Einschätzung deines Konsums, die mag auf den ersten Blick schwer zu fassen sein, es gibt aber Mittel und Wege.

Selbstbeobachtung: Dein Alkohol-Tagebuch als Logbuch

Vielleicht führst du ein **Tagebuch**, so ähnlich wie ein Captain sein Logbuch, in dem jede Flaute und jede hohe Welle verzeichnet ist. Durch diese regelmäßige Selbstbeobachtung kannst du feststellen, wie dein Körper auf Alkoholkonsum reagiert. Also stell dir vor, du bist ein Forscher in eigener Sache, und dein Alkoholkonsum ist dein Forschungsobjekt. Da schlendert ein Alkoholtagebuch ins Labor – dein persönlicher Assistent, mit dem du auf Spurensuche gehst: Wann hat sich das Bierchen eingeschlichen? Mit wem hat der Wein geflirtet?

Aber das ist keine trockene Statistik! Hier geht's um das echte Leben: die Momente des Schwipses und die folgenden Kopfschmerzen. Genau, du dokumentierst dein inneres Auf und Ab, so als würdest du dein persönliches Seismographendiagramm zeichnen – inklusive der Nachbeben. Jetzt zum Knackpunkt: Das Alkoholtagebuch bringt Licht ins Dunkel deiner Trinkgewohnheiten. Es ist wie ein Spiegel, der nicht lügt. Du erkennst Patterns, wie der Barkeeper seine Cocktails mixt und kannst so den Stolperfallen beim nächsten Mal elegant ausweichen.

Aufbau deines Alkohol-Tagebuchs

Wie sieht denn so ein Tagebuch aus, fragst du dich sicher. Es ist ganz einfach aufgebaut:

1) **Tag, Datum und Uhrzeit**: Wann hast du getrunken?
2) **Ort**: Wo hast du getrunken? Beschreibe den Ort detailliert. War es zu Hause, bei einem Freund, in einer Bar, im Club, bei einer Veranstaltung oder vielleicht im Freien?
3) **Art und Menge des Alkohols**: Was hast du getrunken und wie viel?
4) **Umfeld**: Warst du alleine oder in Gesellschaft?
5) **Grund und emotionale Lage**: Was war der Anlass? Wie hast du dich vor und nach dem Trinken gefühlt?

Trinktagebuch-Apps: Deine digitalen Helferlein

Es geht auch einfacher: Lass dein Smartphone zum nüchternen Kumpel werden, der dich sanft an der Schulter tippt, wenn's mal wieder zu gemütlich wird am Tresen. Trinktagebuch-Apps sind die kleinen Helferlein für deine Westentasche – immer zur Stelle, wenn du ausgerechnet bei deinem Lieblingswein den Überblick verlierst. Wie ein getreues Tamagotchi kümmern sie sich um deine Trinkgewohnheiten – nur ohne das Piepsen und mit mehr Sinn für deine Gesundheit. Zack, ein paar Tipper auf dem Bildschirm und schon ist notiert, was du wann getrunken hast. Und dann, falls du's gerne bunt und mit Diagrammen hast, werfen dir die Apps noch schicke Statistiken aus, die dir zeigen, wie dein innerer Alkoholschweinehund so tickt.

Es ist wie eine sanfte Erinnerung: "Hey, nicht vergessen, Wasser ist auch ein Getränk!" Und nebenbei flüstern sie dir noch nützliche Tipps ins Ohr, wie ein Yogalehrer Ratschläge zum Entspannen gibt.

Tipp: Trinktagebuch der Deutschen Hauptstelle für Suchtfragen

Um den eigenen Alkoholkonsum zu überprüfen und mehr über das Thema Alkohol zu erfahren, eignet sich die App Trinktagebuch der «Deutschen Hauptstelle für Suchtfragen» wunderbar.

Spass ist anders

Klar, das Tagebuchführen ist ungefähr so spaßig, wie seine Steuererklärung zu machen – es kostet Zeit und manchmal auch Nerven. Und wer steht schon gern seinem inneren Spiegel gegenüber und gibt zu: „Ich hätte nach dem vierten Glas Halt sagen sollen"?

Der Alkohol-Tracker: James Bond unter den Gadgets

Neben dem klassischen Tagebuch gibt es den James Bond unter den Gadgets: den **Alkohol-Tracker**. Das kleine Gerät misst den Alkoholgehalt im Atem und gibt eine Schätzung des Blutalkoholspiegels (BAC). Du pustest nur einfach mal stark kurz rein und zack, hast du schwarz auf weiß (oder eher digital auf Display), ob du noch im grünen Bereich bist oder ob es besser ist, den Autoschlüssel heute Nacht jemand anderem in die Hand zu drücken.

Ein Schritt – keine Komplettlösung

Aber vergiss nicht, es ist nur der Anfang! Dein Alkoholtagebuch oder der Tracker sind die Vorspeise, nicht das Hauptgericht. Es kann dich nicht auf magische Weise nüchtern machen oder gar alleine die Sucht besiegen – dafür brauchst du weitere Geschütze wie die Ärzte, Psychologen und MPU- oder Suchtberater. Die sind so etwas wie die Spezialeinheit, wenn es um die Eroberung deiner guten alten **Ich-ohne-Alkohol-Festung** geht.

4.5 Familie und Freunde als nüchternes Echo

Deine Crew, bestehend aus Freunden und Familie, das sind die Leute an deiner Seite, die dich sehen, selbst wenn du denkst, du wärst unsichtbar – besonders nach dem einen oder anderen Gläschen zu viel. Sie haben manchmal einen schärferen Blick auf deine Eskapaden als jede Kameraüberwachung.

Rückmeldungen: Deine Leuchttürme im Nebel

Rückmeldungen von ihnen können sein wie kleine Leuchttürme im Nebel deiner Selbstwahrnehmung. Während du noch denkst, dass du auf der Tanzfläche den Michael Jackson gibst, haben sie schon längst erkannt: Du segelst eher auf den Wellen eines sinkenden Schiffes. Wer, wenn nicht die, die dich lieben oder zumindest ertragen, können dir die ungeschminkte Wahrheit servieren? Sie sind wie ein Spiegel, in den du auch dann noch schauen kannst, wenn die Sicht durch den Alkoholnebel getrübt ist, und sie sagen dir: "Du, es reicht.

Nimm die Kritik nicht zu persönlich

"Sieh es nicht als Kritik, eigentlich ist es ein **Vertrauensbeweis**. Beziehe deine Crew daher aktiv ein. Schildere deine Probleme und bitte um **ehrliches Feedback** und Fremdbeobachtung deines Trinkverhaltens. Ja, es kann peinlich sein etwas zuzugeben. Aber ohne diese Anregungen kannst du nichts ändern. Also, Ohren auf beim nächsten Familienessen oder Kneipenabend – da könnte mehr für dich drin sein als nur das nächste Bier!

Wenn du mit Alkoholproblemen kämpfst, ist es wichtig, wer dir Feedback gibt. Saufkollegen, also Leute, die selbst viel trinken, sind da **nicht die besten Ratgeber**. Warum? Ganz einfach: Sie sind oft selbst in ihrem Trinkverhalten gefangen und können dir kaum objektive oder hilfreiche Tipps geben. Im schlimmsten Fall reden sie deine Probleme klein oder ermutigen dich sogar weiterzumachen.

Beispiele von dummen Aussagen von Trinkkollegen:

Thema: Normalisierung des Trinkverhaltens:

„*Ach komm, ein Bier schadet doch nicht. Wir trinken doch alle so viel und haben trotzdem unser Leben im Griff.*“

Auswirkung: Du könntest anfangen zu denken, dass dein Trinken gar nicht so schlimm ist und gar nicht erst auf den Gedanken kommen, etwas zu ändern.

Thema: Kleinreden der Problematik:

„*So schlimm ist es doch gar nicht. Du kannst ja immer noch zur Arbeit gehen und deinen Alltag meistern.*“

Auswirkung: Solche Aussagen könnten dich dazu bringen, deine Sucht zu verharmlosen und keine Hilfe zu suchen.

Thema: Gegenseitige Bestätigung:

„*Wir haben doch alle unsere Probleme. Ein bisschen Alkohol hilft uns nur, mit dem Stress klarzukommen.*“

Auswirkung: Du könntest dann meinen, dass Alkohol ein guter Weg ist, um mit Stress umzugehen, und so weitertrinken wie bisher.

Thema: Verstärkung von Trinkgelegenheiten:

„*Komm schon, trink heute Abend mit uns. Einmal ist keinmal.*“

Auswirkung: Solche Einladungen könnten dich regelmäßig in Versuchung führen, doch wieder mitzutrinken, selbst wenn du eigentlich reduzieren willst.

5 Training mit oder ohne Trainer: Braucht es einen MPU-Berater?

Beim Weg durch den MPU-Dschungel stellt sich die Frage: Solltest du diese Reise mit einem persönlichen Guide, also einem MPU-Berater, angehen oder zum Beispiel einem Ratgeber, selbst durchschlagen?

Der Ratgeber: Dein stiller Weggefährte

Die Antwort ist erstmal: Ja, du kannst dich alleine durch das Dickicht der Paragrafen und Papiere kämpfen und mit diesem Ratgeber bist du sicher nicht schlecht beraten. Das Buch ist wie ein Kompass – es zeigt dir die Richtung und gibt dir Tipps zu all den Stolpersteinen auf dem Pfad zur bestandenen MPU. Aber, ein Buch kann nicht zurücksprechen. Ein MPU-Berater hingegen kann auf dich und die individuellen Tücken deiner Situation eingehen.

Der MPU-Berater: Dein persönlicher Trainer

Es ist wie beim Sport: Du kannst alleine trainieren und ganz nach einem Sportratgeber in Buchform Muskeln aufbauen, aber wenn ein Personal Coach dir zur Seite steht, merkst du plötzlich, wie du Hanteln schon jahrelang falsch gehoben hast. Der MPU-Berater korrigiert deine "Haltung", feilt mit dir an den Antworten und sorgt dafür, dass du nicht nur fit für die MPU bist, sondern in Zukunft auch im Kopf bereit für eine Verkehrswelt ohne Punkte in Flensburg.

Die Kombination macht's

Also, wenn du auf Nummer sicher gehen willst und das Beste aus deinen Vorbereitungen herausholen möchtest, dann schnapp dir diesen Ratgeber **UND** einen Berater als persönliches Erfolgsduo. So bist du gewappnet für jede Frage, für jeden Test und für die MPU als solche – und die Chancen stehen gut, dass du am Ende als Sieger durch das Zielband läufst und deinen Führerschein fröhlich schwenkend zurückeroberst.

5.1 Gute MPU-Berater coachen dich zum Erfolg

Gute MPU-Berater - das sind die Leuchttürme im Nebelmeer der anstehenden medizinisch-psychologischen Untersuchung. Seriöse MPU-Beratung ist also wie ein gutsitzender Gurt, er hält fest und sicher und bringt dich sicher ans Ziel. Doch Vorsicht! Neben den Helfern in strahlendem Gewand gibt es auch finstere Gestalten, die mit Tricks und Kniffen locken. Ein Schummel-Ratgeber ist also wie ein Gurt ohne das sichere Einrasten – sieht zwar aus, als wäre es sicher, aber wenn's drauf ankommt, hält er nichts zusammen.

Der Weg zur echten Verkehrssicherheit

Ein wahres Ass im Beraterärmel spielt mit offenen Karten und rät dir: "Schauen Sie sich Ihre Fahr-Geschichte an, verstehen Sie Ihre Muster, nur so können Sie sie ändern." Das ist der Weg, um am MPU-Prüfungstag nicht nur ein gelassenes Lächeln, sondern genuine Verkehrssicherheit im Gepäck zu haben. Gehen sie es also an – ganz ohne Hokuspokus, dafür mit Verantwortung und dem Ziel, wieder ein Teilnehmer im Straßenverkehr zu sein, der auf unseren Straßen nicht nur mitfährt, sondern mitdenkt und Verantwortung trägt!

Beispiel: Markus hat einen guten MPU-Berater gefunden

Markus sucht Hilfe bei einem MPU-Berater, um sich auf seine bevorstehende MPU aufgrund einer Alkoholstraftat vorzubereiten. Ein seriöser Berater wird zunächst eine umfassende Anamnese durchführen, um Markus' Geschichte zu verstehen und herauszufinden, welche Probleme zur Alkoholstraftat geführt haben könnten. Der Berater wird dann geeignete Interventionen und individuell angepasste Programme entwickeln, um Markus zu unterstützen, sein Verhalten zu ändern und seine Fähigkeit zu verbessern, verantwortungsbewusst und sicher am Straßenverkehr teilzunehmen.

5.2 Die Auswahl des richtigen MPU-Beraters: Kompetenz und Titel

"MPU-Berater" mag sich wie ein offizieller Titel anhören, doch es gibt **keine spezifische staatlich anerkannte Ausbildung** dafür. Warum? Einfach weil es keine staatlich definierten Standards für diesen Berufsstand gibt. Wer eine MPU-Beratung anbietet, muss ein ganzes Arsenal an Wissen und Erfahrung mitbringen – von verkehrspsychologischen Feinheiten bis hin zu den verschlungenen Pfaden des Verkehrs- und Fahrerlaubnisrechts, ganz zu schweigen vom Durchblick bei dem, was bei einer MPU wirklich Sache ist.

Professionalisierung und Qualitätssicherung

Damit aber nicht völliges Chaos ausbricht, haben sich Vereinigungen und Verbände aus dem Boden gestampft, die sich eine Qualitätssteigerung und Professionalisierung der MPU-Beratung auf die Fahnen geschrieben haben. Sie schaffen **Qualifikationskriterien**, bieten **Schulungen** an und **händigen Zertifikate** aus, mit dem Ziel, die Beratungsgüte hochzuhalten. **Prüf auf jeden Fall**, ob dein favorisierter Berater in so einem Verband ist. Ein guter Blick auf die **Qualifikation** und **Erfahrung des Beraters** ist also Gold wert. Erkundige dich nach Referenzen, Zertifikaten und Ausbildungen. Ein qualifizierter MPU-Berater kann den Unterschied machen und dir helfen, die Herausforderungen der MPU erfolgreich zu meistern. Eine **fundierte Beratung** bietet dir nicht nur Wissen und Vorbereitung, sondern auch die nötige Unterstützung und Sicherheit, um die MPU-Prüfung selbstbewusst und verantwortungsbewusst anzugehen.

Nimm dir die Zeit, einen qualifizierten und erfahrenen MPU-Berater zu finden. Mit der richtigen Unterstützung und deinem ehrlichen Engagement für Sicherheit wirst du bestens vorbereitet und voller Selbstvertrauen zur MPU antreten können. Und denke daran: Eine gründliche Vorbereitung und ein vertrauenswürdiger Berater sind der Schlüssel zu deinem erfolgreichen Weg zurück in die Fahrsicherheit! Fülle die folgende Checkliste vor der Wahl des Beraters aus:

Was ein guter MPU-Berater erfüllen sollte	**Erfüllt?**
Verständlicher **Online-Auftritt**?	
Qualifikationen werden genannt?	
Ausbildung in **MPU-Beratung**?	
Ausbildung als **Suchtberater** oder **Psychologe** oder **Pädagoge** oder in **Sozialer Arbeit**?	
Langjährige Praxiserfahrung?	
Haben andere den Berater **positiv gelobt** (z.B. unter den Bewertungen von google maps)?	
Kann er **Referenzen** oder **Erfolgsgeschichten** vorweisen?	
Ist er **Mitglied in einem Verband** für Psychologische Berater, Psychologen oder MPU-Berater (z. B. «VFP - Verband Freier Psychotherapeuten, Heilpraktiker für Psychotherapie und Psychologischer Berater» oder «DVPK - Verband der Deutschen Psychologen und Kraftfahreignungsberater»)?	
Ist der **Beratungsprozess** für dich **nachvollziehbar** und **transparent**?	

Abbildung: Ansprüche an einen MPU-Berater

5.3 Eine MPU-Beratung hilft, wieder sicher am Steuer zu sitzen

Du stehst also da mit einer Einladung zur MPU – nicht gerade eine Party, auf die man sich freut, eher wie ein Zahnarztbesuch für deine Fahrtüchtigkeit. Erstmal musst du ja verstehen, warum du überhaupt zur MPU musst. War's eine Party zu viel? Ein Moment der Unachtsamkeit? Genau hier setzt dein persönlicher MPU-Berater an und gräbt mit dir nach den **Wurzeln des Übels**. So bekommt ihr beiden Licht ins Dunkel, und du verstehst, warum die Sache passiert ist und wie du in Zukunft dem Ärger aus dem Weg gehst.

Vorbereitung: Der mentale Trainingsplan

Dann geht's ans Eingemachte, die Vorbereitung. Dein Berater ist dabei wie ein persönlicher Trainer, nur fürs Hirn. Er spult mit dir das Band der Anforderungen ab, gibt dir Tipps und Tricks, wie du die Hürden nehmen kannst und bereitet dich mental auf die Ziellinie vor.

Merke: Deine Arbeit mit dem MPU-Berater zusammengefasst

Mentales Training: Übungseinheiten, die dich auf die Fragen und Tests der MPU vorbereiten.

Tipps und Tricks: Strategien zur Bewältigung der einzelnen Teilbereiche der MPU und allgemein zur künftigen Fahrtüchtigkeit.

Zielorientierte Vorbereitung: Mentale Stärkung für den Prüfungstag.

Strategien und Methoden: Dein Erfolgsweg

Und weißt du, was noch? Der wählt mit dir die passenden Strategien aus – so wie du das richtige Outfit für ein Date. Nur dass es hier um Strategien geht, die dich im Straßenverkehr glänzen lassen und nicht etwa im Straßengraben enden lassen. Vielleicht heißt das, du schnallst dir einen Alkoholtester ans Handgelenk oder übst Yoga, um im Stress nicht auf Gas zu stampfen.

Merke: Strategien und Methoden zusammengefasst

Individuelle Strategien: Entwicklung spezifischer Maßnahmen für deine Situation.

Hilfsmittel: Nutzung von Tools wie Alkoholtestern oder Entspannungstechniken.

Stressabbau: Methoden wie Yoga, um unter Stress einen kühlen Kopf zu bewahren.

Motivation und Unterstützung: Dein Cheerleader

Und manchmal, ja manchmal brauchst du auch einen kleinen Stups, einen Motivationsschub. Dein Berater ist dann der Cheerleader an deiner Seite, der dir zeigt, wie positiv es ist, ein As im Straßenverkehr zu sein. Er jubelt mit dir, bis du selbst siehst, wie wichtig das alles ist und mit welcher Power du dein Lenkrad wieder in die Hand nehmen kannst. Seine Dienstleistung für dich wird in der nachfolgenden Grafik noch mal zusammengefasst.

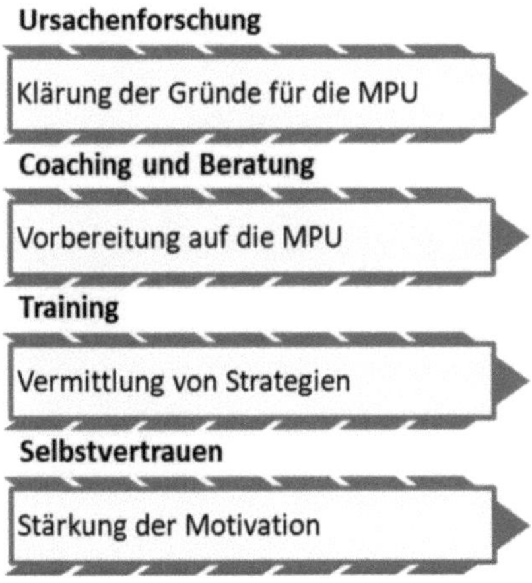

Abbildung: Leistung eines MPU-Beraters

5.4 Der Countdown läuft: Schritte zum Erfolg bei der MPU-Beratung

Du fragst dich sicher, welchen Fahrplan eine MPU-Beratung hätte. Keine leichte Antwort darauf, denn die Dauer der MPU-Vorbereitung ist so **individuell** wie dein Lieblingssport. Bei manchen reicht ein langgezogener Sprint, sagen wir mal, ein intensives Zirkeltraining von 3 bis 5 Sitzungen, vor allem, wenn's nur um kleine Verkehrssünden geht. Wenn aber dein Führerschein wegen Alkohol- oder Drogendelikten auf der Wartebank schmort, dann ziehst du schon eher ein Marathontraining auf, das sich auf 6 bis 15 Stunden Beratung. Und falls du in die Vollen gegangen bist und ein echtes Suchtproblem der Grund für die Trennung von deinem Führerschein ist, dann sprechen wir von einem Triathlon der Extraklasse, bei dem du über Monate hinweg Beratung, Trainingseinheiten und vielleicht sogar eine Therapie absolvieren wirst. Der **Ablauf ist aber immer ähnlich**, du siehst ihn in der folgenden Abbildung:

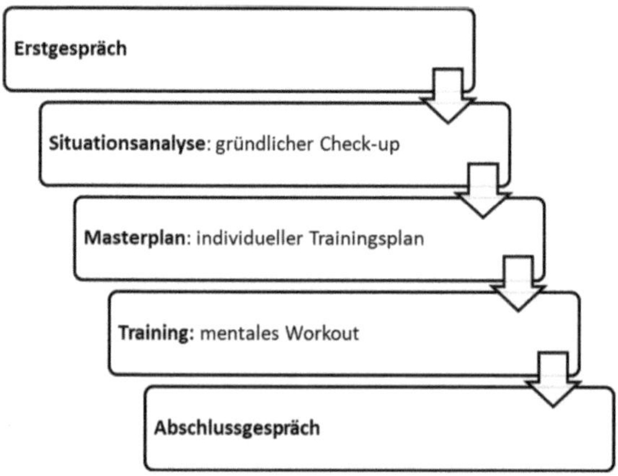

Abbildung: Ablauf der MPU-Beratung

Erstgespräch: Der entspannte Einstieg

Es beginnt mit einem **Erstgespräch**. Dort gehst du gemütlich in den Startblock und erzählst, was Sache ist. Du packst deine Geschichte aus, damit klar wird, welche Stationen du auf dem Weg zur MPU schon hinter dich gebracht hast und was gerade in deinem Leben los ist. Teils wird der Einstieg auch gratis angeboten. Danach entscheidest du dich für einen Berater oder sagst am besten Adieu.

Situationsanalyse: Der gründliche Check-up

Dann wird's etwas ernster, es kommt eine genaue **Analyse deiner Situation**. Dort wird alles beleuchtet, was für deine MPU wichtig sein könnte. Hierfür wird auch das Wort Anamnese gebraucht. Das ist das Fundament. Dann schaust du mit dem MPU-Berater, wo du stehst und wie gut deine Chancen sind, bei der MPU zu punkten. Hier geht's um mehr als nur darum, was war, sondern vor allem darum, was sein wird!

Masterplan und Training: Individueller Trainingsplan und Workout

Basierend auf dem, was bei der Anamnese und Analyse herausgekommen ist, tüftelt ihr an deinem persönlichen **Masterplan** für die MPU. Ihr konzentriert euch auf die wichtigen Themen und du probst schon einmal, wie du bei den bohrenden Fragen der Gutachter geschickt konterst. Jetzt geht's auf die **Trainingsstrecke**: Du machst dich fit für den Tag der Tage, holst Tipps und Tricks, die dir helfen, das Ganze locker aus dem Ärmel zu schütteln. Rollenspiele und Aufgaben – ist wie ein Workout für den Kopf und den Charakter! Zwischendurch gibt's immer wieder Check-ups: Wie steht's um die Fortschritte?

Finale Vorbereitung: Die Zielgerade

Bevor es auf die Zielgerade geht, gönnst du dir eine kleine Verschnaufpause und wirfst einen Blick zurück. Im **finalen Gespräch** checkst du, ob du wirklich sattelfest bist und besorgst dir noch die letzten wertvollen Ratschläge für die MPU. Oft wird auch ein Rollenspiel als Schlussaktion absolviert, indem der MPU-Berater die Rolle des Prüfers übernimmt. Das Ganze macht dich nicht nur fit für diesen einen Tag vor den MPU-Prüfern. Du bereitest dich darauf vor, wieder sicher und selbstbewusst im Straßenverkehr unterwegs zu sein.

5.5 Kosten und Vertrag deiner MPU-Vorbereitung

Also, du willst wissen, was der Spaß kostet, bevor du dich auf das Abenteuer MPU-Beratung einlässt, richtig? Na dann, schnall dich an, hier kommt's im Überblick:

Beratung pro Stunde

Also erst einmal: Die Preise für eine Stunde Beratung, die sind so vielfältig wie die Ausreden, wenn man zu spät zur Party kommt. Meistens zahlst du zwischen **80 und 180 Euro**. Ist halt wie beim Friseur – ein edler Salon in der Innenstadt nimmt mehr als der gemütliche Laden um die Ecke. Einige Anbieter sehen eine Stunde als Schulstunde an, also zu 45 Minuten. Andere rechnen mit der vollen Stunde, also 60 Minuten-

Komplettpakete

Jetzt gibt's auch die **Alles-drin-Pakete**, so eine Art Rundum-sorglos-Ticket für die MPU-Vorbereitung. Von A bis Z alles dabei, wie ein Wellness-Wochenende, nur ohne die Entspannung. Kann dich zwischen **700 und 1200 Euro** kosten. Teils wird der Preis bis zur erfolgreichen Prüfung angesetzt. Du kannst also bei einigen Anbietern unbegrenzt kommen, wenn nicht im Kleingedruckten des Vertrages etwas anderes gedruckt ist.

Preispolitik und Transparenz

Die Preispolitik bei den Beratungsstellen, das ist vergleichbar mit denen von Fluggesellschaften – jeder hat sein eigenes Modell. Manche spielen mit offenen Karten und zeigen dir auf den ersten Blick, was dich der Spaß kosten wird. Andere setzen auf mysteriöse **Zusatzgebühren**, die sich irgendwie einschleichen wie Kalorien beim Kuchenbacken. Aber es gibt auch Lichtblicke: Einige bieten ein **kostenloses** Erstgespräch an, quasi die Kostprobe im Supermarkt, um dich anzulocken. Manchmal gibt's echte **Rabatte** für Studierende oder Personen ohne Job.

Vertrag und leingedrucktes lesen und verstehen

Vielfach bieten MPU-Berater dir nach dem ersten Treffen einen **Vertrag** an. Nun, bevor du deine Unterschrift unter das Meisterwerk setzt, das dich zurück auf die Straße bringen soll. Dein Vertragspartner, der MPU-Berater, sollte dir **klar und deutlich seine Leistungen** aufzählen, als würde er die Zutaten für einen Kuchen nennen. Du willst schließlich wissen, ob du am Ende Schokoladentorte oder Zwiebelkuchen bekommst. Es sollte festgelegt werden, <u>was ihr wann wie macht</u>. Spiel nicht Flaschendrehen mit den Terminen und Konditionen. Eine gute Beratung folgt einem Plan, nicht dem Chaosprinzip. Und frag nach, welche **Erfolgsgarantien** oder **Rücktrittsrechte** du hast. Nicht, dass du am Ende dasitzt, ein traumatisches Erlebnis reicher und ein paar Hunderter ärmer.

> **Wichtiger Tipp**:
>
> Ließ das Kleingedruckte nicht nur zwischen den Zeilen, sondern auch über die Zeilen und um die Zeilen herum! Nicht dass du denkst, du buchst eine Kreuzfahrt und am Ende stehst du mit einem Faltboot am Kanal.

Gutes Bauchgefühl

Zu guter Letzt: Unterschreibe nur, wenn sich <u>alles richtig anfühlt</u>. Der Vertrag sollte deine Rettungsweste sein und kein Anker, der dich runterzieht. Hast du das Gefühl, der Berater versteht dich und deine Lage? Super, setz deine Unterschrift und legt los!

5.6 Schwarze Schafe unter den MPU-Beratern

Sagen wir mal, du hast auf einem feucht-fröhlichen Abend den Führerschein in die ewigen Jagdgründe geschickt. Jetzt brauchst du Hilfe, um diese berüchtigte MPU zu knacken. Aber Achtung: Manche MPU-Berater sind handeln alles andere als ethisch. Manchmal verzettelt sich so ein schwarzes Schaf unter den MPU-Beratern, macht hier eine Pause, dort ein Schwätzchen und du siehst den Sand durchs Stundenglas rieseln, während du davon träumst, wieder hinter dem Steuer zu sitzen.

Verlängerte Beratungszeit

Sie versuchen etwa die Beratungszeit künstlich zu verlängern. denn du zahlst für jede Stunde, wenn du kein Pauschal-Abo gelöst hast. Da sitzt du nun, in deinem ersten Gespräch und dein Berater labert dich voll über sein eigenes Haustier, die Funktionsweise von Toasterknöpfen oder das Wetter in den USA. "Interessant", denkst du vielleicht, aber was hat das mit deiner MPU zu tun? Richtig, nichts. Es kann auch passieren, dass dir der Berater Dinge erklärt und das nicht nur einmal. Er ist wie eine kaputte Schallplatte, wiederholt alles bis zum Gehtnichtmehr. Zeitschinden ist hier erneut die Devise des Beraters. Und wehe, es geht an die echte Planung: Eine klare Struktur zu finden, wäre wie die Nadel im Heuhaufen. Statt einem Fahrplan für die MPU-Vorbereitung, mutiert jede Sitzung zu einem Kaffeekränzchen.

Unverständliche Fachbegriffe

Dann gibt es noch jene Experten, die dir das Gefühl geben, du bräuchtest eigentlich einen Dolmetscher, um sie zu verstehen. Begriffe, die klingen, als hätte sie ein Alien erfunden wie etwa Affektlabilität (= Schwankungen der Gefühlszustände, die schnell und unvorhersehbar auftreten) oder Delinquenz (= Kriminelles Verhalten, oft in Zusammenhang mit Substanzmissbrauch). Da wird die MPU zur Mondlandung und du landest ohne Raumfahrtstudium.

Was ein schwarzes Schaf ausmacht	**Erfüllt?**
übermäßige Konzentration auf unwichtige Themen	
Wiederholung von bereits behandelten Themen	
Unangemessene Zeitverzögerung durch unnötiges Smalltalk oder lange Pausen	
unterdurchschnittliche Informationsvermittlung	
fehlende Strukturierung	
unnötige Komplexität, übertriebe technische Begriffe	
absichtliches Vagehalten wesentlicher Informationen	

Abbildung: Kriterien für Schwarze Schafe

5.7 Volle Mannschaft voraus: Die MPU-Crew

Manchmal ist ein einzelner MPU-Berater so überfordert wie ein Barkeeper auf dem Oktoberfest. Klar, er hat die Tricks drauf, kennt alle Anforderungen und Fallstricke, kann dir sagen, wie du auf dem Kursbuch der Wieder-Nüchternheit segeln sollst. Aber, ist das schon die ganze Unterstützung, die du brauchen könntest in einer Welt, die früher aus Cocktails und Happy Hours bestand? Du hast es ja schon mehrfach gelesen: Eine MPU ist kein Spaziergang, eher wie ein Marathon auf Stelzen – und dein MPU-Berater hat vielleicht nicht das gesamte Equipment für solch eine Reise. Was, wenn du neben den juristischen Raffinessen auch noch mit den emotionalen Flaschengeistern ringen musst, die dich immer wieder zurück in die Bar locken wollen?

Erweiterung der MPU-Crew

Stell dir vor, du bräuchtest nicht nur einen Kompass, sondern auch einen Anker, ein Boot und ein paar motivierende Weggefährten. Vielleicht brauchst du ja einen Psychologen als Navigator durch die stürmischen Gewässer deiner Seele oder einen Suchtberater, der dir zeigt, wie du ohne Rumkugeln im Tank stabil bleibst. Eine professionelle Beratung durch einen Suchtberater oder Psychologen kann dir helfen, ein noch realistischeres Bild deiner Fähigkeiten zu entwickeln. Oder denk an den gesundheitlichen Aspekt! Was, wenn dein Körper nach all den Jahren in der Happy Hour eine Generalüberholung braucht? Da wäre ein Arzt oder Psychiater ganz hilfreich, der dir dabei hilft, die Schäden an der Karosserie zu flicken. Vielleicht kann er dir auch ein Medikament verschreiben, wenn du von deiner Sucht selbst nicht loskommst.

Der MPU-Berater als Alleskönner

Kurzum, der MPU-Berater ist wie ein Schweizer Taschenmesser – super, um viele Schrauben anzuziehen, aber manchmal braucht man eben auch eine Zange, einen Hammer oder – um bei unserem Bild zu bleiben – ein ganzes Werkzeugset. Dein MPU-Berater kann dir gute Ratschläge geben, wenn es um die Erweiterung der Crew geht. Es soll ja drum gehen, nicht nur die MPU zu bestehen, sondern auch den eigenen Alkoholkahn dauerhaft im Trockenen zu parken, dann kann ein MPU-Berater zwar ein guter Start sein, aber für eine echte Generalüberholung brauchst du vielleicht eine ganze Mannschaft – bereit, mit dir durch Dick und Dünn zu segeln.

Das Fahreignungsseminar als Ergänzung

Ein **Fahreignungsseminar** ist eine Art **Auffrischungskurs**, der nicht bei Rot naht, sondern bei Gelb – so als würde dir eine freundliche Ampel zuwinken und sagen: „Komm, lass uns dein Wissen aufblinken, bevor es zu spät ist.“ Hier wirst du nicht nur mit dem neuesten Verkehrswissen versorgt, wie mit frischem

Wind in den Segeln, du wirst auch dazu gebracht, in den Spiegel der eigenen Fahrfähigkeiten zu schauen.

Du sitzt, umgeben von anderen, die auch mal einen Klaps vom Verkehrszirkus bekommen haben, und alle zusammen ackert ihr euch durch die Do's und Don'ts auf Asphalt. Interaktive Übungen, bei denen du mehr über deine Reaktionsfähigkeit lernst als ein Gamer beim Final-Level von „Super Mario". Diskussionen, in denen nicht der Kapitän, sondern jeder Matrose mal das Steuer in die Hand nehmen darf. Das Tolle ist: Dieses Seminar verpasst dir nicht nur das Rüstzeug, um bei der MPU zu glänzen, es kann dir auch **Punkte in Flensburg sparen**. Mit einem Punktestand von maximal 5 Punkten im Fahreignungsregister kannst du mit einer freiwilligen Teilnahme am Fahreignungsseminar einen Punkt abbauen. Deshalb ist das Seminar natürlich hauptsächlich zum Punkteabbau gedacht, aber wenn du Punkte hast, kannst du drei Fliegen mit einer Klappe schlagen: Neben dem Punkteabbau noch einen Einblick in die Verkehrspädagogik erhalten und den Schein für das Seminar bei der MPU vorlegen, um deinen guten Willen zu zeigen.

Tipp: Anbieter für Fahreignungsseminare

TÜV und Dekra bieten beispielsweise die Seminare an. In den meisten Fällen wird das Angebot aber in einer Fahrschule offeriert und findet auch dort statt. Der Aufbau ist immer gleich: Das Seminar besteht aus einem verkehrspsychologischen Teil bei einem Verkehrspsychologen und einem verkehrspädagogischen Teil bei einem Fahrlehrer. Die Seminare bestehen aus jeweils aus zwei Einzelsitzungen oder in Gruppen mit maximal sechs Teilnehmern im pädagogischen Teil. Zwischen den Sitzungen muss ein gewisser zeitlicher Abstand liegen, damit die Teilnehmenden ausreichend Zeit zur Reflexion haben. Dazu wird ihnen auch eine Art Hausaufgabe gegeben. Gratis ist das Seminar allerdings nicht. Üblicherweise liegt die Preisspanne zwischen 200 und 400 Euro. Vergleiche also am besten die Preise in deiner Region, bevor du auswählst.

6 Navigieren durchs Fachwissen zum Alkohol – Der Schlüssel zur MPU

Schnall dich an, es wird nun in die unendlichen Weiten des Fachwissens eingetaucht. Die MPU ist wie eine Prüfung im Hauptfach «Alkoholkunde» und Nebenfach «Drogenlehre». Um die Prüfung zu bestehen, brauchst du einen Crashkurs im wahrsten Sinne des Wortes.

Elemente vom Crashkurs

Du denkst vielleicht: „Ich weiß doch, wie ein Bier schmeckt, und das ein Joint von links nach rechts geht – was gibt's da noch zu lernen?“ Aber halt! Bevor du jetzt den Motor startest, denk dran: Die MPU-Meister wollen nicht testen, ob du weißt, wie man einen Zapfhahn bedient. **Die wollen sehen, dass du verstanden hast, wie sich der Alkohol im Blut auf das Fahren auswirkt**. Und falls du noch zusätzlich was anderes konsumiert hast, musst du auch darüber Bescheid wissen. Bei der MPU musst du punkten mit Wissen um Promillegrenzen, Abbauzeiten und den Unterschied zwischen einem beschwipsten 'Ich fühl mich super!' und einem 'Mir ist alles egal'-Rausch. Es geht also darum, den Stoff so zu verinnerlichen, dass du weißt, wann ein Vergnügen dich in die Sackgasse führt und wann du sicher am Steuer sitzt.

Fachwissen als Schlüssel zur MPU

Am Ende des Tages ist das Fachwissen dein magischer Schlüssel, um die MPU-Tür zu öffnen. Angefangen mit den Grundlagen: **Alkohol**, chemisch auch **Ethanol** genannt, wirkt auf deinen Körper und beeinflusst dein Verhalten und deine körperlichen Funktionen. Seine genaue Wirkung hängt von verschiedenen Faktoren ab, wie zum Beispiel der Menge des konsumierten Alkohols, dem Körpergewicht, dem Geschlecht, dem Alter, der körperlichen Verfassung und dem Konsumverhalten. Und genau die genannten Punkte schauen werden in den weiteren Kapiteln problematisiert.

6.1 Alles grundlegende über die Wirkung von Alkohol

Jetzt geht es um den Stoff, der so manche Party krönt und genauso oft den nächsten Morgen zur Majestätsbeleidigung macht: **Alkohol, chemisch gesehen: C2H5OH**. Sieht aus wie ein Code, den du nach fünf Gläschen Wein in dein Handy tippen würdest, oder? Aber nein, es ist die Formel für Ethanol, jene farblose Flüssigkeit, die so munter fließt, leicht entflammbar ist und deinen Atem nach einem feucht-fröhlichen Abend verräterisch duften lässt.

Wie entsteht der verlockende Stoff?

Ganz einfach: Zucker trifft Hefe, es funkt, und zack – es wird gefeiert! Eine Romanze, so alt wie das Brotbacken. Oder sagen wir: wie das erste Bier oder der erste Wein. Denn genau so, durch die Fermentation von Zucker und Kohlenhydraten in Getreide, Obst und Gemüse, entstand der erste Tröpfchen bei der Ur-Ur-Ur... Oma und Opa in der Steinzeit.

Die Schattenseite von Alkohol

Aber Achtung: Trotz all der lustigen Geschichten, die "Alki" zu erzählen hat, wenn er erstmal im Blutkreislauf Salsa tanzt, sollte man sich in Acht nehmen vor diesem gefeierten Gast. Denn wer die Kontrolle verliert und ihn zum Dauergast macht, der kann in eine recht unglückliche Wohngemeinschaft mit dem Kerl geraten, sprich: Suchtgefahr!

Klein aber Oho: Was ist ein Promille und was macht es mit dir?

Ein Promille – das klingt erstmal nach nichts, so als würdest du im Kinderschwimmbecken nach dem tiefen Ende suchen. Aber lass dich nicht täuschen: Diese kleine Einheit kann die Wirkung eines Boxschlags haben. Promille messen den Alkohol im Blut und je höher die Zahl, desto mehr wird Dr. Jekyll zu dem zwielichtigen Mr. Hyde. Was passiert genau bei wieviel Promille mit Dir?

Promille	**Wirkung**
Ab 0,2	• enthemmende Wirkung, vermehrte Distanzlosigkeit • verlangsamte Reaktionen • verminderte Koordination von Bewegungen • erhöhte Risikobereitschaft
ab 0,3	• Einschränkungen des Sehfeldes beginnen • Probleme bei der Einschätzung von Entfernungen
ab 0,5 (leichter Rausch)	• deutliches Nachlassen der Reaktionsfähigkeit, insbesondere auf rote Signale (Rotlichtschwäche) • verminderte Konzentrationsfähigkeit • stärkere Reizbarkeit
ab 0,8	• Tunnelblick, also eingeengtes Gesichtsfeld • Gleichgewichtsstörungen kommen auf • Reaktionsfähigkeit nimmt weiter ab • deutliche Enthemmungen und Euphorie • verwaschene Sprache und Redseligkeit
ab 1,0	• deutliche Sprachstörungen • Risikobereitschaft und Aggressivität steigen weiter
ab 1,5 (starker Rausch)	• lallende Aussprache • stärkere Stimmungsschwankungen • schwere Koordinationsstörungen • starke Gleichgewichtsstörungen • Orientierungsstörungen

ab 2,5	• doppeltes Sehen • Bewusstseinstrübungen • Lähmungserscheinungen • starke Einschränkung des Erinnerungsvermögens

Tabelle: Wirkungen von Alkohol

Alkohol – das doppelseitige Schwert

Tückisch am Konsum von Alkohol ist, während du noch glaubst, dass du auf dem Zenit der Charmeoffensive bist, ist dein Körper längst zum Abbau-Notstand gezwungen. Die Leber arbeitet im Akkord. Am Anfang zaubern auch schon wenige Gläschen ein schiefes Grinsen auf deine Lippen – naja, in diesem Falle deiner Synapsen. Aber je öfter die frohe Runde beisammen ist, desto mehr muss das Fass geöffnet werden, um dieselbe ausgelassene Stimmung hervorzurufen. Deine inneren Wirtshausbesucher, die werden nämlich mit der Zeit härter im Nehmen. Das nennt sich dann **Alkohol-Toleranz**. Irgendwann brauchst du ein paar Extra-Runden, um dieselbe Heiterkeit wie früher aufs Parkett zu legen. Die typischen Zeichen, dass es eigentlich schon genug ist, wie das Taumeln oder das Lallen, die melden sich später und bei einem Pegel, bei dem ein Gelegenheitsbesucher längst unter dem Tisch liegen würde.

Alkohol und seine Wirkung

Nehmen wir mal an, Alkohol wäre wie ein paar bunte Stelzen für's Gehirn: Je nachdem, wer sie aufzieht – jung oder alt, groß oder klein, leicht oder schwer –, wird der Spaziergang darüber leichtfüßig elegant oder ein wackeliges Abenteuer. Das eine Körperkostüm verträgt vielleicht mehr und marschiert in hohem Bogen darüber, ein anderes stolpert über die kleinste Dosis und fällt direkt auf die Nase. Die Werte, die uns zeigen, ab wann die Stimmung kippt, wurden übrigens für Leute gemischt, die nicht jeden Abend am Tresen hängen – sozusagen

Gelegenheitstrinker. Wenn dein Innenleben sich an den Gerstensaft gewöhnt, sich sozusagen aufbaut wie ein muskelbepackter Türsteher, dann schleicht sich auch das Risiko ein, dass der Alkohol nicht nur so zum Spaß vorbeischaut, sondern sich bei dir einnisten will. Solch ein **Abhängigkeitsrisiko** ist wie ein unaufgeräumter Keller – man verliert leicht den Überblick und plötzlich möchte man gar nicht mehr wissen, was da alles herumsteht.

Beispiel: Je jünger, desto heftiger

Ein Blick auf die Wissenschaft. Es gibt da viele Studien, die das alkoholbedingte Problemverhalten untersuchen. Die Forscher beobachteten beispielsweise, dass sowohl bei Männern als auch bei Frauen die Dinge im jungen Erwachsenenalter am meisten über die Stränge schlugen – eine kleine Hochphase des Unfugs sozusagen und danach wurde es sanfter, mit jedem neuen Geburtstag ein Stück weit vernünftiger. Die Statistik zeigt: Männer genehmigen sich mehr und können auch mal eher aus dem Ruder laufen. Aber wenn's ans Eingemachte geht, also wenn man den Alkoholkonsum konstant hält, dann gleicht sich das ganze Schauspiel zwischen den Geschlechtern fast aus. Das Interessanteste an der wissenschaftlichen Analyse? Die Jungspunde verhalten sich deutlich problematischer als die alten Hasen, sogar wenn man dafür sorgt, dass jeder das gleiche Maß an Vino intus hat. Kurz gesagt: Junge Leute, wenn sie trinken, neigen dazu, ein wenig mehr die Sau hinauszulassen. Mit den Jahren legt sich aber auch der wildeste Draufgänger. Und wenn die Jungs und Mädels die gleiche Menge schlürfen, gibt es nicht wirklich riesige Diskrepanzen in der Zahl der Eskapaden. Wie's aussieht, in puncto Alkohol und Aussetzer gibt's keine wirklichen Geschlechtergrenzen – nur Jugendwahn hat seine besonderen Tücken.

Schau dir gerne die Quelle für die Infos an: Livingston, M., & Room, R. (2009). Variations by age and sex in alcohol-related problematic behaviour per drinking volume and heavier drinking occasion. Drug and Alcohol Dependence, 101(3), 169-175.

6.2 Langzeitflirt: Die Effekte von Alkohol auf Körper und Fahrverhalten

Alkohol kann eine Langzeitaffäre mit deinem Körper sein, und wie bei jeder Beziehung, die auf den falschen Partys aufgebaut wurde, gibt's am Ende oft Tränen. Der Stoff packt dich bei deinen Nervenzellen, tanzt mit ihnen Limbo und lässt sie erst am nächsten Tag wieder los – mit Kopfschmerzen und Schwindelgefühl als Erinnerung an die wilde Nacht. Aber speziell beim Autofahren zeigt sich, dass Alkohol alles andere als ein Gentleman ist: Da wird aus einem vermeintlichen One-Night-Stand eine unschöne Vorfahrt, bei der du nicht nur die Kontrolle verlierst, sondern auch Punkte, Schein und manchmal noch viel mehr. Die **Effekte** reichen von langsamer Reaktion bis zur kompletten Filmriss-Show.

Langzeitige Auswirkungen

Langzeitiger und chronischer Alkoholkonsum geht aber noch viel weiter und trotzt nahezu vor schädlichen Auswirkungen auf den Körper. Langfristiger Alkoholkonsum ist wie eine tickende Zeitbombe unter dem Parkett. Soziale Konflikte und Beziehungsprobleme ziehen sich ebenso an ihm hoch wie Kletterpflanzen an einer alten Gemäuerwand. Bevor du es merkst, können Arbeitsplatz und finanzielle Stabilität Geschichte sein in deinen Leben wie die Dinosaurier früher auf unserer Erde. Aber der Alkohol wirkt noch vielseitiger und wechselt die Maske wie ein Spion seine Identität. **Schlafstörungen** pirscht er herbei – da ist er, der Alpdruck, der dich nachts die Decke anstarren lässt, anstatt im Traumland die Füße hochzulegen. Und tagaus, tagein begleitet dich eine **Erschöpfung**. Schwer wird es dann auch mit dem Lernen und mit der Konzentration. Das ganze Chaos hat sogar einen Namen: «**Alkohol-bedingte neurokognitive Störung**» – klingt so ernst wie es ist.

Hier sind einige der häufigsten Langzeitwirkungen von chronischem Alkoholkonsum:

Wo?	Welcher Schaden entsteht?
Leber	Lebererkrankungen wie Fettleber, Alkoholhepatitis und Leberzirrhose. Diese Erkrankungen können zu Leberversagen und Leberkrebs führen.
Bauch-speichel-drüse	Pankreatitis, eine schmerzhafte Entzündung der Bauchspeicheldrüse, die akut oder chronisch verlaufen kann, wird durch den Konsum gefördert
Herz-Kreislauf	Erhöhter Blutdruck, Störungen im Herzrhythmus und erhöhtes Risiko für Herzinfarkt, Schlaganfall und andere Herz-Kreislauf-Erkrankungen
Magen-Darm	Reizen der Magenschleimhaut und Resultat einer Gastritis, Magengeschwüren und Darmentzündungen. Es kann auch die Aufnahme von Nährstoffen aus dem Darm beeinträchtigen.
Nerven-system	Nervenschäden, die zu Problemen wie Gedächtnisverlust, Konzentrationsschwierigkeiten, Kribbeln oder Taubheitsgefühlen in den Extremitäten und Koordinationsproblemen führen können.
Kopf Psyche	Depressionen, Angststörungen, Schlafstörungen und anderen psychischen Probleme können Resultat des Konsums sein. Es kann auch allgemein das Risiko für Alkoholabhängigkeit und Abhängigkeit von anderen Substanzen erhöht werden.

Immunsystem	Alkohol schwächt das Immunsystem und erhöht das Risiko für Infektionen, einschließlich Atemwegsinfektionen, Lungenentzündung und Leberentzündungen.
Hormone	Hormonelle Störungen hinsichtlich der Produktion und Regulation von Hormonen können auftreten, was zu Störungen des Menstruationszyklus, Unfruchtbarkeit, Impotenz und anderen sexuellen Dysfunktionen führen kann.
Gesamter Körper	Langfristiger Alkoholkonsum erhöht das Risiko für verschiedene Krebsarten, einschließlich Mundhöhle, Rachen, Speiseröhre, Brust und Darmkrebs.

Tabelle: Organschäden durch Alkoholkonsum

Verhaltensänderungen sind an der Tagesordnung

Fortsetzung findest du im Verhalten: Da werden aus friedfertigen Lämmchen plötzlich Wölfe, Emotionen fahren Achterbahn und das eigene Spiegelbild wird zum größten Feind. Ein **negatives Selbstbild** schleicht sich an, bleibende Gäste im Kopf, die dir ständig ins Ohr flüstern: "Du taugst nichts, du bist nichts." Als ob man nicht ohnehin schon genug zu knabbern hätte. Und dann, als ob dieser Kreislauf noch nicht genug wäre, fängt die **Isolation** an. Denn der Alkohol, der zieht dich weg von Menschentrubel und Familienfesten, macht dich zum Eremiten in einer Welt voller Kontakte. Insel der Einsamkeit – klingt romantisch, fühlt sich aber an wie der falsche Film.

Viele sagen ade unschöne Welt

Am dunkelsten Ende des Tunnels, da lauert das Suizidrisiko. Alkohol und Depressionen, das ist keine Freundschaft, das ist eine toxische Beziehung, die lebensgefährlich enden kann.

6.3 Der Promille-Zaubertrick: Wie viel ist zu viel?

Stellen dir vor, dein Körper wäre ein Glas – oder besser noch, ein vertrackter kleiner Cocktailshaker. Du gibst rein, was du magst: eine Prise Whiskey, ein Spritzer Wein, vielleicht eine vollmundige Ladung Bier. Und schwupps, wirbelst du das Ganze durcheinander, und raus kommt... ja, was eigentlich?

Die magisch anmutende Lösung: Die Widmark-Formel

Hier kommt die Antwort, und sie hört sich an wie ein Zauberspruch: die Widmark-Formel! Klingt mysteriös? Keinesfalls! Es ist das Verrechnen von Schlückchen und Kilos, um herauszufinden, was in deiner Blutbahn für ein alkoholisches Süppchen köchelt. Nun, schnapp dir deinen Taschenrechner, denn das wird eine kleine Mathestunde. Die Formel:

$$BAK(‰) = \frac{Menge\ reiner\ Alkohol\ (g)}{r \times Körpergewicht\ (kg)} - t \times \beta 60$$

Kein Matheexperte?" Keine Sorge – ich erkläre es dir.

Abkürzung	Bedeutung
BAK	Blutalkoholkonzentration
g	aufgenommene Masse des Alkohols in Gramm
r	Verteilungskoeffizient, der vom Geschlecht abhängt (0,68 für Männer und 0,55 für Frauen)
t	Zeit in Stunden seit Trinkbeginn
ß60	stündliche Elimination (minimal 0,1 ‰)

Tabelle: Elemente der Widmark-Formel

Getränk und Menge	**Alkoholgramm**
Standardglas Bier (0,5 Liter) mit rund 5% Alkoholgehalt	20 g
Standardglas Starkbier (0,5 Liter) mit rund 7,5% Alkoholgehalt	30 g
Standardglas Wein (0,2 Liter) mit ca. 12% Alkoholgehalt	19 g
eine Flasche Wein (0,75 Liter) mit etwa 12% Alkoholgehalt	71 g
kleiner Bacardi zu 0,02 Liter (2cl) mit 40 Vol% Alkoholgehalt	6,5 g
Shot Spirituosen (0,04 Liter) mit etwa 40%	13 g
Standardflasche Whisky oder Wodka mit etwa 700 ml (0,7 Liter), Alkoholgehalt von 40%	222 g
Longdrink mit 50 ml (0,05 Liter) Rum (40% Alkoholgehalt)	16 g
Eine Flasche Absinthe mit 700 ml (0,7 Liter) mit 70% Alkoholgehalt	387 g

Abbildung: Alkoholgehalt unterschiedlicher Getränke

Beispiel:

Stell dir vor, du wärst ein 80 kg schwerer Mann. Du bist auf einem Geburtstag und kurz vor dem Abschied trinkst du eine Flasche Bier zu 0,5l mit fünf Volumensprozent (= 20 g Alkohol). Dann führst du sofort los. Dein innerer Barkeeper, auch unter dem Namen 'Leber' bekannt, rührt und schüttelt sich und mit ein wenig Abrakadabra unserer Formel kommen wir auf eine Blutalkoholkonzentration von 0,37 g/L (20 g geteilt durch 80 mal 0.68, abgezogen wird nichts, da keine besondere Zeit seit dem Trinkbeginn vergangen ist). Um das Ganze zu verdeutlichen: Du hast nun weniger Alkohol im Blut, als du laut Gesetz haben dürftest, denn bei 0,5 g/L hängt die rote Ampel schon schief an der Straßenecke. Die Polizei beäugt solche Werte ganz und gar nicht gern, vor allem nicht hinterm Steuer. Du bist knapp an der Grenze.

Ein Blick hinter die Zauberformel

Aber die Widmark-Formel hat ein wenig Spielraum – je nachdem, ob du ein Herr oder eine Dame bist. Der Verteilungskoeffizient r spielt nämlich die Rolle der geheimen Zutat: 0,68 für die Jungs und 0,55 für die Mädels. Denn, und jetzt kommt's, der Alkohol verteilt sich bei Frauen und Männern aufgrund der Körperzusammensetzung ein bisschen anders. Das wird im nächsten Kapitel noch genauer angeschaut.

Jetzt weißt du also, wie du den geheimnisvollen Promillewert herauszaubern kannst. Doch Vorsicht – kein Trick ohne Risiko! Während es am Bartresen durchaus für Applaus sorgt, wenn du dein Können unter Beweis stellst, empfiehlt es sich, dies nicht im Straßenverkehr zu tun. Also, lass das Auto stehen, wenn der innerliche Cocktail gemixt wurde.

6.4 Warum wir alle anders ticken, wenn's ums Trinken geht

Der Alkohol und sein Rendezvous mit deinem Körper, das ist so eine ungewisse Sache – so individuell wie der Fingerabdruck, den man am Glas hinterlässt. Da spielt so einiges rein: wie viel du dir hinter die Binde kippst, ob das ein seltenes Event ist oder du öfter mit dem Hopfenkavalier tanzt. Der ganze Tango hängt auch davon ab, wie deine ganz persönliche, genetische Partybesetzung aussieht und ob dein Körper insgesamt fit ist. Stell es dir wie ein Rezept vor: Ein Schuss Lebenserfahrung, eine Prise Gene, eine gehörige Portion Gesundheit – alles schön durchgeschüttelt mit dem, was du dir so eingießt. Da hat jeder seine eigene Mixtur, gibt's kein Schema F wie beim Cocktailmixen. Der eine kann nach zwei Bier noch Breakdance, der andere führt bereits den 'Ich-finde-meine-Schuhe-nicht-mehr'-Tanz auf.

Körpergewicht: Die Türsteher deiner Körper-Kneipe

Stell dir dein Körpergewicht vor wie die Türsteher deiner ganz persönlichen Körper-Kneipe. Die kräftigen gebauten Türsteher haben eine Menge an Körperwasser bei sich, mit dem sie den Alkohol verdünnen können. Das ist so, als würdest du deinen Single Malt mit etwas zu viel Wasser verlängern – das Zeug wird irgendwie schwächer und braucht länger bis zur Wirkung. Dann kommen die Damen ins Spiel: Weniger Körperwasser heißt: Kleinere Mengen, höhere Konzentration. So gesehen sind Frauen die Edel-Destillerien der Alkoholverarbeitung:

Enzyme: Die Barmixer deiner Leber

Bei den Enzymen – das sind so die Barmixer in unserer kleinen Metapher – wird's fachmännisch mit Alkoholdehydrogenase (ADH) und Aldehyddehydrogenase (ALDH). Je nachdem, wer da in deiner Leber schuftet und wie flink die Jungs und Mädels sind, landet dein "Drink" schneller oder langsamer wieder auf der Straße. Wie das Personal, so die Pace!

Genetik: Die Happy Hour deines Enzymsystems

Die Genetik ist quasi die Happy Hour oder die "Du kommst hier nicht rein"-Liste deiner Leber. Manche von uns haben von Oma und Opa Enzyme geerbt, die mit Alkohol umspringen, als wär es Freitagabend im Stundenlohn, und bei anderen schaut's aus wie Montagmorgen mit Doppelkater.

Und dann sind da noch die Trinkgewohnheiten. Kennst du diese Typen, die auf jeder Party auftauchen und irgendwie nie betrunken zu sein scheinen? Tja, das sind die Kerle mit der eingebauten **Hochleistungs-Enzym-Anlage**. Regelmäßiger Konsum pumpt das Team im Magen-Darm-Trakt so richtig auf und plötzlich läuft der Abbau auf Hochtouren wie in einer Schnapsbrennerei.

Essen vor dem Trinken: Absperrung durch Nahrung

Solltest du vor der Zechtour noch schnell einen Burger einwerfen, dann ist das so, als ob du den Club erstmal mit einem Seil absperren würdest. Der Alkohol verweilt eine gewisse Zeit mit dem Essen im Magen, bevor er weiter in den Dünndarm gelangt, wo die Aufnahme hauptsächlich stattfindet. **Das Essen verzögert die Aufnahme des Alkohols in den Blutkreislauf,** was wiederum zu einem langsameren Anstieg des Blutalkoholspiegels führt. Dieser Effekt kann jedoch nur eine begrenzte Zeit aufrechterhalten werden und hängt stark von der Zusammensetzung und Menge des konsumierten Essens ab. Infolgedessen kann das Risiko einer plötzlichen und unerwarteten Erhöhung des Blutalkoholspiegels bestehen bleiben, sobald die Verdauung voranschreitet.

6.5 Abstinent sein: Mehr als nur Verzicht auf offensichtlichen Alkohol

Wenn man sich entscheidet, keinen Alkohol zu trinken, bedeutet das, dass man nicht nur die üblichen Verdächtigen wie Bier, Wein oder Schnaps meidet, sondern auch darauf achtet, dass kein Alkohol in Lebensmitteln wie Pralinen oder Kuchen versteckt ist. Die Gründe für einen solchen Verzicht sind vielfältig und nicht ausschliesslich medizinisch oder auf bestimmte Tests bezogen. Persönliche Motive, wie der Wunsch nach einem gesünderen Lebensstil oder einfach die Neugier, wie das Leben ohne Alkohol sein könnte, spielen auch eine Rolle. Manchmal beteiligen sich Menschen an **Selbstexperimenten** wie dem «**Dry January**», bei dem sie im ersten Monat im Jahr auf Alkohol verzichten, um ihre Selbstbeherrschung zu testen oder sich von den Weihnachts- und Silvesterfeiern zu erholen. Unabhängig von der Ursache für die Abstinenz ist es wichtig sich klarzumachen, dass **Alkohol auch in Produkten vorkommen kann, bei denen man ihn nicht direkt vermutet.** Ein genauer Blick auf die **Zutatenliste** ist also empfehlenswert, wenn man wirklich komplett auf Alkohol verzichten möchte.

Studieren der Zutatenliste ist gefragt

Auf der Zutatenliste sollten sich <u>keine</u> spezifischen Hinweise auf **Ethanol** (Trinkalkohol), **Alkoholische Extrakte** und **Aromen** befinden, die Alkohol enthalten können. Ebenfalls wichtig ist die Überprüfung auf Inhaltsstoffe wie **Wein**, **Bier**, **Liköre** oder **Spirituosen** sowie **Zuckeralkohole** wie **Sorbit** oder **Mannit**, die gelegentlich in geringeren Mengen Alkohol enthalten können. Ein vollständiges Verständnis der Deklarationstexte ist essentiell, um unbewusstem Alkoholkonsum effektiv vorzubeugen. In Restaurants oder beim Einkauf kann man zudem nachfragen, ob Alkohol in der Zubereitung von Speisen oder in Produkten enthalten ist. Bei einmaligem Konsum besteht aber in der Regel wenig Gefahr, dass dieser Konsum registriert wird.

Lebensmittel/Zutat	**Alkohol**
Bestimmte Pralinen	Viele hochwertige Pralinen verwenden Liköre oder alkoholhaltige Füllungen.
Bonbons mit Likörgeschmack	Manche Bonbons imitieren Alkoholgeschmack und enthalten kleine Mengen.
Tiramisu	In der Rezeptur finden sich oft Marsala-Wein oder anderer Alkohol.
Wein- oder Biersaucen	Alkohol wird häufig beim Kochen für die Tiefe des Geschmacks verwendet.
Teriyaki- oder Flambiersaucen	Einige Rezepturen verwenden Alkohol, um Fleisch oder Gemüse zu marinieren oder anzubraten.
Essig	Eine Reihe von Essigsorten enthalten Restalkohol.
Marmeladen oder Konfitüren	Manche Rezepte für Marmeladen setzen auf das Aroma von Likören oder Spirituosen.
Rumkugeln	Wie der Name schon verrät, sind sie häufig mit echtem Rum aromatisiert.
Gugelhupf oder Kuchen mit Alkohol	Teils wird bei Rezepten Alkohol dem Teig für ein spezielles Aroma zugesetzt.

Tabelle: Versteckte Alkohole in Speisen

Abstinenz ausweisen

Ein **Abstinenznachweis** für Alkohol ist dein Ticket zum MPU-Erfolg. Um das zu bewerkstelligen, brauchst du regelmäßig Haar- oder Urinproben. Diese charmanten Souvenirs deiner Abstinenz sind sechs bis zwölf Monate lang deine treuen Begleiter und der glasklare Beweis, dass in deinen Adern nur noch die Sause ohne Brause stattfindet. Vergiss also das Warten auf die Happy Hour, du hast jetzt Happy Year(s) vor dir. Ein Jahr der klaren Köpfe, besiegelt mit deinem regelmäßigen Stelldichein im Labor. Klingt vielleicht so mitreißend wie ein Abend mit alkoholfreiem Bier, aber denk an das Ziel! Freiheit, flatternde Haarsträhnen und das Lenkrad fest im Griff. Sobald du das **Abstinenzprogramm** durchgestanden hast, bekommst du deine Abschlussbescheinigung in die Hand gedrückt. Das Ding ist so etwas wie deine Eintrittskarte für den MPU-Zirkus. Die folgende Tabelle verrät dir, wie lange du bei einem nachgewiesenen Blutalkoholspiegel abstinent sein solltest.

Blutalkoholspiegel	**Abstinenznachweis**
kleiner 1.6 Promille	I.d.R. keiner
Grösser 1.6 Promille und nur einmaliges Vergehen	mindestens 6 Monate erforderlich
Grösser 1.6 Promille und mehrmalige Vergehen	mindestens 12 Monate erforderlich
Grösser 2.0 Promille und eimaliges Vergehen	mindestens 12 Monate erforderlich

Tabelle: Dauer der Abstinenzdauer bei unterschiedlichem Blutalkohol

Zeitfenster: Vier Monate für die MPU nutzen

Aber, und hier kommt der Clou, lass nicht zu viel Zeit nach dem letzten Abstinenznachweis ins Land streichen. Vier Monate hast du Zeit, deine Sohlen zur MPU zu tragen. Ziehst du das länger wie einen alten Kaugummi, dann ist der Sachverhalt als "**Lücke**" in deinem **Abstinenz-Lebenslauf** zu sehen. Das ist wie ein unsteter Lebenswandel in deiner Bewerbung – macht sich nicht gut. Am Ende des Tages könnte es passieren, dass dein wackeres Abstinenzprogramm aussieht wie ein Käse-Sieb, durchlöchert und nicht ganz dicht. Dein Abstinenzprogramm wird dann nicht anerkannt, das wäre extrem ungünstig und unbefriedigend.

6.6 Auf nüchterner Spur: Wie beweist man seine Trinkpause?

Willkommen in der faszinierenden Welt der Haar- und Urin-Detektive! Hier erfährst du alles, was du über die Kontrollen für Alkohol-Abstinenznachweise wissen musst. Diese Tests sind ein wesentlicher Teil deiner Vorbereitung auf die MPU, sofern du zeigen musst, dass du aus Alkohol lernst und verantwortungsbewusster damit umgehst. Die **Abstinenztests** – sei es eine Haar- oder Blutanalyse oder einen Urintest – müssen **zwingend offiziell** durchgeführt werden. Dazu musst du bei einem **zertifizierten Labor** oder einer **akkreditierten Stelle** (wie z.B. TÜV oder Dekra) erscheinen. Diese Orte sind von der Führerscheinstelle anerkannt und verfügen über die nötigen Experten und Ausrüstungen, um die Tests akkurat und zuverlässig durchzuführen.

Die Regelmäßigkeit der Kontrollbesuche

Zu den Urinproben wirst du kurzfristig einberufen, in der Regel einen Tag vorher und zwar per SMS, telefonisch oder per E-Mail – je nachdem wie es abgemacht ist. Die Kontrollen finden in regelmäßigen Abständen statt, damit ein lückenloses Bild deines Konsumverhaltens entsteht. Du musst also immer bereit sein, wie bei unangemeldeten Überraschungspartys – nur eben ohne Party und Alkohol. Bei den Blutanalysen hast du etwas mehr, nämlich zwei Tage Vorlaufzeit. Am langfristigsten kannst du die Haaranalyse planen. Hier kannst du Termine langfristig fixieren. Es ist wichtig, dass du bei allen Analysen die Termine einhältst. Sollte es dir aufgrund von Urlaub oder Krankheit nicht möglich sein, musst du das der Stelle rechtzeitig mitteilen – im Krankheitsfall mit einem ärztlichen Attest.

Die Haaranalyse: Spurendetektive in Aktion

Bei der Haaranalyse schneiden die Labormitarbeiter ein paar Haarsträhnen ab. Diese Haare dürfen weder getönt noch gefärbt sein und müssen mindestens drei Zentimeter lang sein. Im Labor untersuchen die Experten dann, ob sich Ethylglucuronid (EtG) in deinem Haar befindet. Das EtG ist ein besonderer Marker, der auf Alkoholkonsum hinweist und eine Trinkhistorie von drei bis sechs Monaten abbilden kann – entsprechend der Länge der Haare. Das Ganze klingt vielleicht ein bisschen wie bei CSI: Haarprobe nehmen, Haare waschen, damit auch ja keine fremden Moleküle die Party crashen, klein schnibbeln und dann in ein Lösungsmittelbad stecken. Die Profis können dann rausfinden, wie viel Alkohol du so über die Zeit konsumiert hast.

Der Prozess der Haaranalyse

- Entnahme der Haarproben: Die Haare werden abgeschnitten und gewaschen, um fremde Kontaminationen zu entfernen.
- Zerkleinern: Die sauberen Haare werden klein geschnitten.
- Analytik: Mithilfe von Chromatographie-Techniken wird das EtG in einer Lösung extrahiert und analysiert.
- Diese Methode ist zwar teuer und benötigt spezialisierte Ausrüstung, liefert jedoch präzise und verlässliche Ergebnisse.

Abstinenz-Dauer	**Anzahl der Haarproben**
6 Monate	2 Haarproben
12 Monate	4 Haarproben
15 Monate	5 Haarproben

Tabelle: Abstinenzdauer und Anzahl der Haarproben

Blutanalyse: PEth-Alkoholmarker

PEth steht für **Phosphatidylethanol**, ein ziemlich sperriger Name, weshalb er unter der Abkürzung PEth bekannt ist. Es ist wichtig zu wissen, dass PEth ein direkter Biomarker für Alkoholkonsum ist. Er entsteht ausschließlich dann, wenn Alkohol im Körper verstoffwechselt wird und kann daher nicht durch andere Substanzen verfälscht werden. PEth hat eine Nachweisbarkeit von etwa drei Wochen, abhängig von der regelmäßigen Alkoholaufnahme, was ihn zu einem besonders aussagekräftigen Marker macht. Die **Blutentnahme** ist denkbar einfach und unkompliziert. Mit einem kleinen Stich in die Armbeuge werden rund 3 Milliliter Blut entnommen. Damit ist der Vorgang auch schon abgeschlossen.

Vorbereitung und Terminfindung

Du fragst dich, ob du vor der Blutentnahme etwas beachten musst? Du kannst ganz normal frühstücken, da dies keinen Einfluss auf das Ergebnis hat. Für einen Termin zur PEth-Testung musst du nur wenige Tage Vorlauf einplanen. Dies ist notwendig, um den verschiedenen Abbauprozessen der Alkoholmarker Rechnung zu tragen. Es gelten die gleichen Bedingungen für die Anzahl von Proben wie bei der Urinanalyse.

Der Urintest: Extended-Version deines Konsums

Der Urintest konzentriert sich auf die Abbaustoffe des Alkohols in deinem Urin. Im Gegensatz zu einem Blutalkoholtest, der nur eine Momentaufnahme bietet, liefert der Urintest ein Bild bis zu den letzten 80 Stunden.

Tipp: Trink nicht zu viele Getränke

Bei Urinproben kommt es oft zu Problemen, wenn der Kreatininwert im Urin zu niedrig ist, was die Konzentration des Alkohols schwer messbar macht. Dies kann passieren, wenn du in kurzer Zeit übermäßig viel Wasser trinkst – beispielsweise mehrere Liter innerhalb weniger Stunden. Solche extremen Trinkmengen verdünnen den Urin so stark, dass der Kreatininwert unter den erforderlichen Schwellenwert fällt und der Test dadurch nicht mehr aussagekräftig ist.

Abstinenz-Dauer	Anzahl der Urinproben
6 Monate	4 Urinkontrollen
12 Monate	6 Urinkontrollen
15 Monate	7 Urinkontrollen

Tabelle: Abstinenzdauer und Anzahl der Urinproben

Hinweise zum Urintest

- Essgewohnheiten und Hygienemittel: Sei dir bewusst, dass bestimmte Lebensmittel (wie Essigbrötchen) und Produkte (wie Händedesinfektionsmittel) die Ergebnisse beeinflussen können. Auch einige Lebererkrankungen können den EtG-Spiegel beeinflussen.

- Zeitfaktor: Nach dem Trinken dauert es zwei bis vier Stunden, bis EtG messbar ist und es erreicht seinen Höhepunkt nach etwa acht bis zwölf Stunden. Die Dauer der Nachweisbarkeit hängt von Faktoren wie Konsummenge, Alter, Gewicht und Stoffwechsellage ab.

Was ist dein Ding? Haare, Blut oder Urin??

Wenn du gerade frisch in den Club der Abstinenzler reingeschnuppert hast und noch das Neue-Mitglied-Glitzern in den Augen trägst, dann könnte so eine Urinprobe genau dein Ding sein. Ist wie ein VIP-Backstage-Pass für die Frischgebackenen unter den Abstinenten. Das Besondere daran ist, du musst bereit sein fürs Unerwartete, wie ein Geheimagent. Der Anruf kommt und zack, marschierst du los und spendierst eine Kostprobe deines besten Urins unter Aufsicht. So **ganz spontan kontrolliertes Pinkeln** halt. Eignet sich super für alle, die sagen: "Ich steh meinen Mann oder meine Frau, wann immer ihr wollt und mir macht es nichts aus, wenn jemand dabei zusieht!"

Und jetzt die Königsklasse für die Goldmitglieder in Sachen Abstinenz: die gute alte Haaranalyse. Du lässt dir einfach in Würde und ohne Stress ein paar Haarsträhnchen schneiden und die Experten machen den Rest. Du kannst die Termine schon länger im Voraus planen. Perfekt für alle, die es nicht so mit der Spontanität haben und ihr Zeitmanagement gerne selbst in der Hand behalten.

Ein großer Vorteil der Blutanalyse mit PEth-Bestimmung und der Haaranalyse gegenüber herkömmlichen Urinkontrollen liegt darin, dass die **Trinkmenge keine Rolle** spielt. Bei Urinproben kommt es oft zu Problemen, wenn der Kreatininwert im Urin zu niedrig ist, was die Konzentration des Alkohols schwer messbar macht. Mit der PEth-Bestimmung im Blut und Haaranalyse entfällt dieses Problem. Sie bietet eine genaue und verlässliche Möglichkeit, deine Alkoholabstinenz zu dokumentieren, ohne dass Schwankungen bei der Flüssigkeitszufuhr das Ergebnis beeinflussen.

6.7 Zwischen kontrolliertem Genuss und Nulltoleranz

Abstinenz ist nichts für dich, dann lass uns mal ein bisschen Licht ins Dunkel der MPU-Welt bringen. Also, wie sieht's aus mit dem **kontrollierten Trinken**? Kann das klappen, ohne gleich wie ein Mönch ins Kloster zu gehen? Klar, das ist eine Option, aber nicht für jeden. Es kommt drauf an, wie der Hase läuft und vor allem, wie du bisher mit dem Alkoholpegel umgegangen bist. Im Folgenden kommt dein Leitfaden für die MPU-Challenge, wenn du's nicht ganz ohne Alkohol krachen lassen willst. Aber Vorsicht: Es ist kein Freifahrtschein fürs Saufgelage!

Disziplin: Der Schlüssel zum Erfolg

Also, was musst du tun, um in der MPU zu zeigen, dass du Alkohol und Autofahren fein säuberlich trennen kannst? Ein Wort: Disziplin. Du musst zeigen, dass du ein Meister des gelegentlichen Genusses bist, ohne gleich in die Vollen zu gehen. Und noch wichtiger: Lass das Zeug stehen, bevor du ins Auto steigst! Wer kontrolliert trinkt, der kann klar zwischen dem Führen von Kraftfahrzeugen und einem die Fahrsicherheit beeinträchtigenden Alkoholkonsum trennen. Das wird bei der MPU "**Trennungsvermögen**" genannt.

Voraussetzungen für den kontrollierten Konsum

Hast du noch <u>**nie**</u> eine **Alkohol-Entzugstherapie** gebraucht und warst auch nicht der Typ, der mit **extrem hohen Promillewerten** die Straßen unsicher macht? Glückwunsch, dann bist du eventuell ein Kandidat für das kontrollierte Bechern. Aber wehe, du bist so ein **Wiederholungstäter** – dann ist Schluss mit lustig, und du musst zum Null-Alkohol-Plan wechseln.

Nachweis und Vorbereitung: So überzeugst du bei der MPU

Gut und wie weißt du das jetzt nach? Wie ein Zaubertrick ist das nicht, aber mit etwas Geduld und guten Notizen kannst du dem Prüfer zeigen, dass du deine

Alkohol-Kontrolle im Griff hast. Der Tipp vom Profi: Such dir einen Verkehrspsychologen oder MPU-Berater, um dir einen Plan maßzuschneidern.

Aber bloß nicht zu früh feiern. Es gibt keine Einheitslösung, keine magische Formel. Dein Alter, dein Promille beim Fauxpas, die Uhrzeit, als die Sirene geheult hat – das alles spielt eine Rolle. Junge Hüpfer haben es beispielsweise manchmal leichter als die erfahrenen Hasen, weil denen meist mehr Veränderungspotenzial zugesprochen wird. Bei den Älteren wird oft gedacht, die haben ihre Gewohnheiten so festgelegt wie ihre Schuhe. Die verändern sich nicht so schnell. Bei den Jüngeren sehen die MPU-Gutachter das wie bei einem frischen, unbeschriebenen Blatt Papier: Da steht noch nicht so viel drauf, und man kann leichter neue Regeln draufkritzeln.

Promillewert und Uhrzeit: Was die Gutachter beachten

Die Promillezahl bei deinem kleinen Missgeschick – wenn du's jetzt so nennen willst – die ist wie der Highscore im Videospiel, nur andersrum. Je höher die Zahl, desto mehr denkt der MPU-Checker: "Hui, der hat's aber krachen lassen!" Und genau das ist zu vermeiden. Es geht darum, zu beweisen, dass du auch mit weniger Alkohol klar kommst. Deshalb ist dein Promillescore aus der Vergangenheit ein kräftiges Indiz dafür, wie du normalerweise mit dem Trank umgehst. Niedriger Score – besser die Chancen. <u>1.6 und mehr Promille im Blutalkohol sehen klar schlecht aus.</u>

Jetzt zur <u>Uhrzeit</u>: Wenn du um zwei Uhr nachts mit einem Gläschen zu viel erwischt wirst, dann denken die MPU-Leute vielleicht: "Ach, Partyvogel had a bit too much." Aber wenn's um vier Uhr nachmittags ist und du im Anzug und mit Aktentasche erwischt wirst, dann kratzen sich die Prüfer schon eher am Kopf und fragen sich, was du so im Büro treibst. Die Uhrzeit verrät also, ob's ein einmaliger Ausrutscher war oder ob das Pils zum Tagesgeschäft gehört.

6.8 Rein ins Trockene: MPU-Meisterklasse ohne Mischmasch

Stell dir vor, wir würden jetzt ein Rezept für einen ordentlichen Eintopf schreiben – nur, dass es hier um den Mischkonsum geht, also wenn Alkohol und andere Drogen im Spiel sind. Klingt erstmal nach einer wilden Party, aber wenn es um die MPU geht, dann wird die Sache schneller ernst als du "Prohibition" sagen kannst.

MPU und Mischkonsum: Ein gefährlicher Mix

Also, hier kommt die ungeschönte Wahrheit: Mischkonsum ist für deine MPU in etwa so förderlich wie eine Horde Elefanten im Porzellanladen. Warum? Weil die Kombination aus Alkohol und Drogen dem Prüfer zeigt, dass du nicht nur einen, sondern gleich den ganzen Zirkus an Grenzüberschreitungen mitbringst. Alkohol kann die **Wirkung vieler Substanzen**, einschließlich rezeptpflichtiger Medikamente, illegaler Drogen und anderer legaler Substanzen, **verstärken oder verändern**. Diese **Wechselwirkungen** können unvorhersehbare und potenziell gefährliche gesundheitliche Folgen haben. Die MPU-Prüfer sehen das so: Alkohol allein ist schon ein Risikofaktor auf der Straße. Wirf jetzt noch andere Substanzen in den Mix und bumms – du hast die volle Achterbahn. **Das macht es schwierig zu glauben, dass du wirklich den Durchblick hast, wenn es um sicheres Fahren geht.** Die MPU wird dann quasi zur Hochsicherheitszone. Die erwarten von dir nicht nur, dass du den Alkohol sein lässt, sondern auch alle anderen Partygimmicks. Das heißt in diesem Fall: **Abstinenznachweise** sowohl für Alkohol als auch für Drogen.

Und jetzt der **Coach-Moment**: Sieh es als Challenge, eine Art Neustart. Es geht darum, die Kontrolle über dein Leben zurückzugewinnen – und dabei kann dir kein Joint und kein Schnaps der Welt helfen. Nur du selbst, mit klarem Kopf und dem Willen, das Ruder rumzureißen.

6.9 Alkoholabhängigkeit – Es ist Zeit, das Thema anzugehen

Alkoholabhängigkeit, auch **Alkoholismus** genannt, ist eine chronische Krankheit, bei der eine Person nicht in der Lage ist, ihren Alkoholkonsum zu kontrollieren. Dies bedeutet, dass der Betroffene ständig das Verlangen verspürt, Alkohol zu trinken, und Schwierigkeiten hat, mit dem Trinken aufzuhören, auch wenn es negative Auswirkungen auf Gesundheit, Beziehungen und Alltag gibt.

Schon mal überlegt, wie man eigentlich rausfindet, ob jemand alkoholabhängig ist? Kein Hexenwerk, aber auch kein Spaziergang im Park. Die Profis – also Psychiater, Psychologen oder Suchttherapeuten – greifen in diesem Zusammenhang zu klinischen Interviews und standardisierten Fragebögen. Klar, die wissen, was sie tun. Und die **ICD-10: F10.2-Kriterien** helfen ihnen dabei.

Wissen für Profis:

Die **International Statistical Classification of Diseases and Related Health Problems**, kurz ICD-10, wird von der Weltgesundheitsorganisation (WHO) herausgegeben. Der Diagnoseschlüssel F10.2 steht hierin für das Abhängigkeitssyndrom bei Alkohol. Die ICD-10 wird weltweit verwendet, um Krankheiten und Gesundheitsprobleme zu klassifizieren und standardisiert zu dokumentieren. Die Einordnung von Alkoholabhängigkeit unter F10.2 basiert auf spezifischen klinischen Kriterien, die weltweit anerkannt sind.

Die Zauberformel hinter F10.2

Um die Diagnose F10.2 zu bekommen, müssen einige harte Kriterien erfüllt sein. Diese Punkte sind entscheidend, wenn es darum geht, eine **Alkoholabhängigkeit** zu. Es müssen mindestens drei von den folgenden Punkten erfüllt sein, die über einen **Zeitraum von mindestens einem Monat** auftreten müssen:

Kriterium	**Beschreibung**	**Erfüllt?**
Zwang und Verlangen	Du hast ständig das Bedürfnis, Alkohol zu trinken. Dieser Drang ist stärker als deine guten Vorsätze.	
Kontrollverlust	Du kannst nicht mehr steuern, wann, wo und wie viel du trinkst. Ein Glas bleibt selten ein Glas.	
Entzugserscheinungen	Ohne Alkohol hast du es schwer – du schwitzt, zitterst und hast Übelkeit. Alkohol bringt dich wieder auf Kurs, zumindest kurzfristig.	
Toleranzentwicklung	Früher war eine Flasche Bier genug, heute sind es drei und du merkst kaum was. Dein Körper braucht immer mehr.	
Vernachlässigung	Job, Hobbys, Freunde und Familie sind eher egal, Hauptsache der Alkohol fließt.	
Sturheit	Du trinkst weiter, obwohl du weißt, dass es dich kaputt macht.	

Tabelle: Kriterien einer Abhängigkeit

Behandlung – Es gibt Auswege

Klar gibt's auch einen Lichtstreif am Horizont. Ob stationär oder ambulant, Hilfe gibt's genug. Da gehört alles rein: Medizin und Psychotherapie gehen Hand in Hand, um den Entzug zu erleichtern und dir Wege zu zeigen, wie du mit Stress und anderen Auslösern fertig wirst, ohne zur Flasche zu greifen.

Warnzeichen bei Alkoholabhängigkeit – Klartext für den Alltag

Augen auf: Es gibt einige ziemlich deutliche Signale, die du nicht ignorieren solltest, wenn es um Alkoholabhängigkeit geht. Nun ein paar Beispiele, die dir zeigen können, dass was im Argen liegt.

Ständiger Gedanke an Alkohol

Beispiel: Du findest dich ständig dabei, an das nächste Glas zu denken. Egal ob beim Job, beim Familienessen oder sogar beim Autofahren – dein Kopf dreht sich immer wieder um die nächste Gelegenheit zum Trinken.

Hohe Toleranzentwicklung

Beispiel: Früher hat dir ein Glas Wein zum Entspannen gereicht. Jetzt brauchst du mindestens eine Flasche, um irgendwas zu merken. Und das passiert nicht über Nacht, sondern schleichend.

Versteckspiel und Geheimhaltung

Beispiel: Du versteckst Alkoholflaschen im Haus, damit niemand dein Trinkverhalten bemerkt. Gelegentlich schleichst du dich sogar raus, um heimlich zu trinken.

Schwierigkeiten, „Nein" zu sagen

Beispiel: Freunde fragen dich, ob du mit auf ein Bier kommst, und obwohl du genau weißt, dass du morgen früh aufstehen musst, kannst du einfach nicht widerstehen.

Entzugserscheinungen

Beispiel: Am Morgen zitterst du, hast Kopfschmerzen oder fühlst dich total daneben – es sei denn, du trinkst sofort wieder Alkohol, um die Beschwerden zu lindern.

Soziale Aktivitäten leiden

Beispiel: Hobbys, Freundschaften oder sogar die Zeit mit der Familie kommen viel zu kurz, weil du dich lieber auf deine nächste Gelegenheit zum Trinken konzentrierst.

Verlust der Kontrolle

Beispiel: Du nimmst dir vor, nur ein Glas zu trinken, und endest wieder betrunken. Diese „Kontrollmomente" häufen sich und du fühlst dich hilflos.

Trotz negativer Folgen weitertrinken

Beispiel: Obwohl deine Gesundheit leidet, du Stress im Job hast oder Ärger mit der Familie, hörst du trotzdem nicht auf zu trinken. Irgendwie denkst du: „Ach, das kriege ich schon hin."

Vernachlässigung von Verantwortungen

Beispiel: Du verpasst wichtige Termine, Meetings oder sogar Geburtstagsfeiern, weil du entweder zu betrunken bist oder dir das Trinken einfach wichtiger erscheint.

Verstecken vom Trinken

Beispiel: Du trinkst heimlich, um nicht zur Rede gestellt zu werden und fühlst dich ertappt, wenn jemand deine Flaschen entdeckt oder merkt, dass du getrunken hast.

Diese Warnzeichen sind kein Spaß. Wenn du dich in diesen Beispielen wiedererkennst oder jemanden kennst, dem es so geht, dann ist es höchste Eisenbahn, sich Hilfe zu holen. Lieber jetzt handeln als später bereuen!

Alkoholabhängigkeit und schädlicher Gebrauch – Wo ist der Unterschied?

Achtung, das ist wichtig: **schädlicher Gebrauch** (Alkoholmissbrauch) bedeutet, dass du in Situationen säufst. Aber du liegst schon eine Stufe unter der Abhängigkeit und bist noch nicht total im Sumpf. **Alkoholmissbrauch** ist jeder Alkoholkonsum, der zu körperlichen, seelischen und/oder sozialen Schäden führt. Der Begriff „schädlicher Gebrauch" betont den **Aspekt des Missbrauchs**, d. h. der Konsum wird trotz erkennbarer Schäden fortgesetzt, jedoch ohne die Kontrollverluste und andere Merkmale der Abhängigkeit. Die Schwelle zur Alkoholabhängigkeit ist erreicht, wenn jemand Alkohol braucht, um sich einigermaßen wohlzufühlen und drei von den Kriterien aus der Tabelle oben erfüllt sind.

Behandlung von Alkoholabhängigkeit und schädlichem Gebrauch

Beide Zustände sind **medizinisch relevant** und erfordern angemessene Interventionen, jedoch sind die Ansätze zur Behandlung und das Verständnis der zugrunde liegenden Mechanismen unterschiedlich. Während bei der Alkoholabhängigkeit oft eine umfassende Therapie mit **Entzugsbehandlung und Langzeitbetreuung** notwendig ist, kann im Fall des schädlichen Gebrauchs bereits eine **Verhaltensänderung oder eine kurzzeitige Intervention effektiv sein**.

7 Auf der Überholspur bleiben, kein Weg zurück zum Alkohol

Warum wäre ein Rückfall zum Alkoholkonsum schlimm? Zum einen bringt er dich in deinen alten Problemmodus zurück, den du vielleicht gerade hinter dir lassen wolltest. Es kann deinen ganzen Fortschritt zunichtemachen und gesundes Vertrauen in dich selbst und deine Fähigkeiten untergraben. Und nicht zu vergessen – die gesundheitlichen Risiken: Der Körper ist keine Maschine. Ein Rückfall kann ihn sehr belasten.

Wie bereits geschrieben: Jeder Mensch ist anders und die Gründe für einen Rückfall sind vielseitig. Das Wichtigste ist, nicht aufzugeben und sich die richtige Unterstützung zu holen. Denn: Ein Rückfall ist nicht das Ende der Welt, sondern ein Signal, dass du deine Strategie anpassen musst. In den folgenden Kapiteln erfährst du einiges in Hinsicht Rückfall und dessen Vermeidung.

7.1 Warum es oft zu Rückfällen im Alkoholkonsum kommt

Lass uns mal offen darüber reden – Rückfälle beim Alkoholkonsum sind gar nicht so selten und aus vielen Gründen nachvollziehbar. Hier sind einige der häufigsten Ursachen, und vielleicht findest du auch die eine oder andere Überraschung darunter:

Stress, Stress, Stress und emotionale Probleme noch dazu

Stress, Angst, Depressionen – das volle Programm. Manchmal ist das Leben einfach ein bisschen viel und Alkohol scheint die schnelle Lösung. Ja, der Drink kann **kurzfristig die Nerven beruhigen**, aber langfristig löst er keine Probleme, sondern macht sie nur noch schlimmer.

Die anderen ziehen mich mit

Keine Überraschung: Freunde und Familie spielen eine riesige Rolle. Wenn deine Kumpels ständig zum Feierabendbier einladen oder Familienfeste ohne Alkohol undenkbar sind, ist der Druck groß. Da hilft nur, neue Grenzen zu setzen oder gleich gesinnte Unterstützer zu finden.

Mal wieder nichts los, Langeweile kommt auf und keiner hilft

Ohne einen Plan für die freie Zeit oder Menschen, die dich unterstützen, wird es schwierig. Unsichtbare Hände, die dir helfen, sind Goldwert. Hobbys, neue Interessen oder auch Selbsthilfegruppen können den Unterschied machen.

Meine Selbstsicherheit schlägt alles

„Ach, ein Glas schadet doch nicht!“ Dieser Gedanke kann trügerisch sein. Sobald du denkst, dass du das alles im Griff hast, ist die Gefahr eines Rückfalls höher. Bleib wachsam und gönn dir ruhig das gelegentliche Schulterklopfen, aber lass dich nicht in die falsche Sicherheit wiegen.

Wie immer halt - Rückfall in alte Gewohnheiten

Der bekannte Weg zur alten Stammkneipe oder der wöchentliche Pokerabend mit viel Alkohol – das sind Minenfelder. Wenn du an diesen Orten oft getrunken hast, ist das Verlangen dort besonders stark. Vorsicht ist geboten, lieber neue, alkoholfreie Orte und Aktivitäten entdecken.

Probleme mit meiner Vergangenheit - Unverarbeitete Traumata

Manchmal liegen die Gründe tief und sind nicht so offensichtlich. Unverarbeitete Traumata, die du vielleicht gar nicht bewusst wahrnimmst, können dich immer wieder in alte Muster zurückziehen. Therapie ist hier das Zauberwort.

Beispiel: Karol, 33 Jahre

Karol hatte eine schwierige Kindheit, in der Emotionen oft unterdrückt wurden. Ohne es wirklich zu merken, schleppt Karol diese unverarbeiteten Gefühle bis ins Erwachsenenalter mit sich. Nach einer Phase der Abstinenz fühlt er sich jedoch plötzlich wieder überwältigt von einer unbestimmten Traurigkeit und Unruhe. Ohne genau zu wissen, warum, greift er wieder zur Flasche in der Hoffnung, diese unangenehmen Gefühle zu betäuben.

Mir fehlen Bewältigungsstrategien

Möglicherweise fehlen dir noch gesunde Wege, um mit Stress oder negativen Emotionen umzugehen. **Learning by doing** – es gibt viele Strategien, vom Sport über Meditation bis hin zum Tagebuchschreiben. Dazu aber mehr im nächsten Kapitel.

Immer wieder, meine Routinen und Rituale

Der abendliche Whisky nach einem langen Tag oder das Glas Sekt zur Feier des Tages können schnell wieder zur Norm werden. Rituale sind mächtig, aber du kannst sie bewusst ändern und neue**, gesündere Routinen** etablieren.

7.2 Rückfallprophylaxe – Wie du den Alkohol in Schach hältst

Eine gute **Rückfallprophylaxe** kann ein wichtiger Rettungsanker sein. Aber was steckt hinter dem Wortungetüm? Grundsätzlich geht's darum, Maßnahmen und Strategien zu entwickeln, die dir helfen, einen erneuten Absturz in den problematischen Alkoholkonsum zu verhindern. Der Clou bei der Sache? Eine Mischung aus verschiedenen Techniken, die die körperlichen, emotionalen und sozialen Faktoren im Griff behalten, die einen Rückfall auslösen können. Die

Rückfallprophylaxe ist übrigens auch ein großes Thema in der MPU. Dort erwarten dich einige Fragen dazu, lies Kapitel 8.1 genau durch.

Erste Schritte: Auslöser erkennen

Die Rückfallprophylaxe startet häufig damit, die **klassischen Auslöser zu identifizieren**. Stress, Langeweile, Frust oder der Umgang mit Leuten, die ständig trinken – das alles kann dich triggern. Also, dem Ganzen auf die Schliche kommen und aufmerksam auf diese potenziellen Auslöser achten ist der erste große Schritt. Im nächsten Schritt entwickelst du gemeinsam mit deinem MPU-Berater, Coach oder Therapeuten Strategien, wie du diesen Stolpersteinen in Zukunft ausweichst oder sie meisterst.

Was du konkret tun kannst

Hier geht's ans Eingemachte: die Techniken. Dazu gehören **kognitive Verhaltens- und Stressbewältigungstechniken**, die dir helfen, negativen Gedanken und Gefühlen den Garaus zu machen. Ein paar werden in den folgenden Kapiteln vorgestellt. Selbstüberwachung und Frühwarnsysteme für Rückfälle sind ebenso Teil des Plans. Denke an ein soziales Kompetenztraining, das dir dabei hilft, in kniffligen Situationen einen kühlen Kopf zu bewahren. Vergiss nicht die **Wichtigkeit von Menschen**, die dir den Rücken stärken. Deine Crew, Familie oder Selbsthilfegruppen (vgl. Kapitel 7.3) können wahre Lebensretter sein, wenn es mal brenzlig wird. Positive Beziehungen pflegen und dich mit alkoholfernen Personen umgeben, die dich unterstützen und motivieren, ist das A und O.

Manchmal helfen Medis - Medikamentöse Hilfen

Zuweilen sind **Medikamente** auch Teil des Plans. Medikamente wie Naltrexon oder Acamprosat können den Alkoholkonsum reduzieren und Rückfälle verhindern. Aber denk dran, sie sind kein Zaubertrank und sollten stets in Absprache mit deinem behandelnden Arzt genommen werden.

Vorteile und Herausforderungen: Mehr als nur Abstinenz

Die Vorteile der Rückfallprophylaxe sind riesig. Sie unterstützen dich nicht nur dabei, einen Rückfall zu vermeiden, sondern bereiten dich auch auf zukünftige Hürden vor. Aber es wäre unehrlich, nur die Sonnenseiten zu sehen. Eine Rückfallprophylaxe **erfordert viel Arbeit und Zeit. Disziplin** ist in dem Zusammenhang ein Zauberwort. Den richtigen Therapeuten oder Berater zu finden, der deine Bedürfnisse versteht, kann wie die Suche nach der Nadel im Heuhaufen sein. Und ganz klar – es gibt keine hundertprozentige Garantie, dass ein Rückfall niemals mehr passiert.

7.3 Die Kraft der Gemeinschaft – Selbsthilfegruppen

Stell dir vor, du sitzt in einem Kreis von Menschen, die genau wissen, wie du dich fühlst. Sie waren da, wo du jetzt bist, und haben den Weg hinausgefunden. **Selbsthilfegruppen** sind wie eine kleine Oase in der Wüste des Alltags – sie spenden Trost, Hoffnung und ein Gefühl von Zusammenhalt. Der Austausch mit Menschen, die ähnliche Erfahrungen gemacht haben, kann wahre Wunder wirken! Die geteilte Erfahrung schafft eine starke Bindung und lässt dich erkennen, dass du nicht allein bist.

Anonymen Alkoholiker (AA) als leuchtendes Beispiel

In der Gruppe findest du nicht nur Leute, die dich verstehen, sondern auch eine Struktur und Unterstützung, die dir auf deinem Weg helfen können. Die regelmäßigen Treffen bieten dir einen Raum, um offen über deine Herausforderungen zu sprechen, ohne verurteilt zu werden. Und dann gibt es noch **Al-Anon** – eine Gruppe für Freunde und Familien von Alkoholikern. Manchmal vergisst man nämlich, dass auch die Angehörigen Unterstützung brauchen, um besser mit der Situation umzugehen.

Gemeinsame Motivation und Struktur

In den genannten Gruppen geht es um mehr als nur den Austausch von Geschichten. Es gibt ein festes System, das dir hilft, tragfähige Schritte zu unternehmen und deine Fortschritte zu verfolgen. Die Zwölf-Schritte-Programme der AA und Al-Anon bieten dir einen klaren Pfad. Du kannst auch eine spezifische Rolle innerhalb der Gruppe übernehmen, wie zum Beispiel als **Sponsor**. Dabei handelt es sich um einen Menschen, der den Weg aus der Alkoholsucht bereits erfolgreich ein Stück weit gegangen ist und dabei ein Genesungsprogramm durchlaufen hat, übernimmt oft die Rolle des Sponsors. In dieser Funktion teilt er regelmäßig und individuell seine Erfahrungen und Tipps mit einem anderen Alkoholabhängigen, der gerade am Anfang seiner Abstinenz steht oder Unterstützung sucht, um nüchtern zu bleiben. Der Sponsor bietet emotionale Unterstützung und gibt praktische Ratschläge weiter, die auf seinen eigenen Erfahrungen basieren. Der Sponsor ist also wie ein Mentor und Vorbild, der dazu ermutigt, regelmäßig an AA-Treffen teilzunehmen, eine geregelte Alltagsstruktur aufzubauen und gesunde Methoden zur Stressbewältigung zu finden.

7.4 Therapie – Der professionelle Blickwinkel

Hast du jemals gedacht, dass ein bisschen Seelenstriptease dir guttun könnte? Mit dieser Frage ist eine Therapie angesprochen. Manchmal braucht es einfach jemanden Professionellen, der einem den Spiegel vorhält und sagt: „Hey, hier läuft was schief und das können wir ändern!“

Erste Hilfe auf Rezept

Eine Therapie kann dir helfen, die Gründe für deinen Alkoholkonsum zu verstehen. Warum greifst du zur Flasche? Ist es Stress? Einsamkeit? Alte Verletzungen? Professionelle Therapeut:innen bieten dir eine sichere Umgebung, um diese Fragen zu erkunden und anzugehen. Verhaltenstherapie oder Gesprächstherapie können dir Werkzeuge an die Hand geben, um diese Herausforderungen zu meistern. Stell dir vor, du bekommst einen inneren Werkzeugkoffer geschenkt, prall gefüllt mit Strategien und Tipps, wie du dein Leben wieder in den Griff bekommst.

Langfristige Unterstützung und neue Perspektiven

Therapie ist nicht nur ein vorübergehendes Pflaster für deine Wunden, sondern ein langfristiges Unterstützungsnetzwerk. Regelmäßige Sitzungen helfen dir, an deinen Problemen dranzubleiben und kontinuierliche Fortschritte zu machen. Wenn du dich in einer Krise befindest, kann dein Therapeut einen sicheren Hafen bieten und dir helfen, einen klaren Kopf zu bewahren.

Das Beste daran? Du trägst diesen Koffer immer bei dir. Sobald du das Gefühl hast, dass der Alkohol ruft, kannst du einen Blick hineinwerfen und eine Gegenstrategie rausfischen. Therapie kann dir auch neue Perspektiven eröffnen und dir helfen, alte Denkmuster zu durchbrechen. Unterschiedliche Therapieansätze bieten spezifische Techniken, um besser mit den emotionalen Auslösern deines Alkoholkonsums umzugehen. Es ist jedoch wichtig zu wissen, dass ein Therapieplatz **nicht immer sofort verfügbar ist**. Viele Menschen, die therapeutische Hilfe in Anspruch nehmen möchten, müssen mit langen Wartezeiten rechnen, bevor sie einen Termin bekommen. Das kann frustrierend sein, aber es sollte dich nicht entmutigen. Während der Wartezeit kannst du auf **Selbsthilfegruppen** und andere **unterstützende Netzwerke** zurückgreifen. Diese Ressourcen können dir helfen, die Zeit zu überbrücken und dir bereits erste Strategien an die Hand geben, um mit schwierigen Situationen umzugehen. Wenn du einen Therapieplatz gefunden hast, wirst du feststellen, dass die Geduld sich gelohnt hat, da die Therapie wertvolle Werkzeuge und Techniken bietet, um deinen Weg zur Nüchternheit zu unterstützen.

7.5 Raus aus der Gefahrenzone – Veränderung des Umfelds

Mal ehrlich, manche Orte und Leute sind wie Magneten für den Griff zur Flasche. Da ist der Kumpel, der immer noch ein Bier mehr trinken will oder die Bar an der Ecke, in die du jedes Wochenende gehst. Neues Spiel, neues Glück: Es ist Zeit, dein Umfeld zu ändern.

Denkapparat einschalten

Was würde passieren, wenn du die Kneipenbesuche gegen Spaziergänge eintauschst oder den Trinkbuddy durch jemand anderen ersetzt? Klar, das mag nicht einfach sein, aber es ist ein wichtiger Schritt. Dein soziales Umfeld spielt eine riesige Rolle in deinem Verhalten. Warum nicht also dieses Umfeld so gestalten, dass es deine Genesung unterstützt?

Neue Gewohnheiten schaffen

Ein altes Sprichwort sagt: „Zeig mir deine Freunde und ich sage dir, wer du bist." Na, wenn das so ist, dann zeig mir einen Ort ohne Verlockungen und ich sage dir, ich bin dabei! Dein Umfeld spielt eine riesige Rolle in deinem Leben. Mach es also zu einem positiven, unterstützenden Raum. Was du brauchst, sind neue Gewohnheiten und neue Orte, an denen du dich wohlfühlst und nicht ständig ans Trinken erinnert wirst.

Neue Orte deiner Wahl

Verbringe mehr Zeit an Orten, die **alkoholfrei** sind und dir guttun. Parks, Museen, Bibliotheken oder Sportplätze bieten Alternativen, die dich ablenken und unterstützen können. Neue Hobbys und Interessen können dir helfen, alte Gewohnheiten zu durchbrechen und neue, gesunde Routinen zu etablieren.

7.6 Chill mal – Entspannungstechniken

Einatmen, ausatmen, loslassen. Klingt simpel, oder? Aber in der heutigen hektischen Welt sind Entspannungstechniken ein wahres Allheilmittel. Fährst du manchmal an die Decke und kannst dich kaum beruhigen? Dann ist es vielleicht an der Zeit, den Meditationsguru in dir zu entdecken.

Den inneren Frieden finden

Meditation, **Yoga** oder **einfache Atemübungen** können wahre Wunder wirken. Sie bringen dich runter, lassen dich fokussieren und verringern das Bedürfnis nach Alkohol. Keine Sorge, du musst nicht zum Zen-Meister mutieren. Schon ein paar Minuten pro Tag können den Unterschied machen.

Tipp: Kapalabhati-Atemtechnik (Feueratmung):

Die einfache Übung besteht aus schnellen, kraftvollen Ausatmungen, wobei der Fokus auf der Ausatmung liegt. Kapalabhati kann Energie steigern und das Gehirn beleben, was zu einem gesteigerten Gefühl von Klarheit und Vitalität führt. Diese Technik stammt aus der yogischen Praxis und wird traditionell angewandt, um den Geist zu reinigen und die Lebensenergie (Prana) zu aktivieren.

Verschiedene Techniken ausprobieren

Entspannung ist nicht gleich Entspannung. Es gibt viele Techniken, die du ausprobieren kannst, bis du diejenige findest, die am besten zu dir passt. Progressive Muskelentspannung, Achtsamkeitsmeditation oder Visualisierungsübungen sind nur ein paar Beispiele. Ein **regelmäßiger Entspannungsplan** kann dir helfen, Stress abzubauen und deine innere Balance zu finden. Denk daran, dass Entspannung genauso wichtig ist wie Action. Dein Körper und Geist brauchen diese Ruhephasen, um stark und widerstandsfähig zu bleiben.

7.7 Bewegung tut gut – Sport und Bewegung

Wer rastet der rostet. Also runter vom Sofa und rein in die Sportschuhe! Beweg dich! Sport und körperliche Aktivitäten sind der perfekte Boost für deine Laune und dein Wohlbefinden. Es ist so einfach, wenn man den Anfang gemacht hat. Regelmäßige Bewegung hat nicht nur physische Vorteile, sondern fördert auch deine mentale Gesundheit.

Deine Aktivitätssuche

Egal ob Laufen, Schwimmen, Tanzen oder einfach nur ein Spaziergang – Bewegung bringt deinen Körper und Geist in Schwung. Also, wie wäre es mit einer kleinen Challenge? Jeden Tag mindestens eine halbe Stunde Bewegung. Das klingt doch machbar, oder? Such dir eine Aktivität, die dir Spaß macht, damit sie zu einem festen Teil deines Lebens wird. Stöber auch mal in deiner Vergangenheit: Was hat dir früher so richtig Spass gemacht?

Körper und Geist in Einklang bringen

Bewegung hilft nicht nur, überschüssige Energie abzubauen, sondern setzt auch **Glückshormone frei. Endorphine sind quasi das körpereigene, legale und gesunde Glücksmittel.** Du wirst sehen, wie gut dir das tut und wie schnell du die positiven Effekte spürst. Regelmäßiger Sport trägt auch zur Verbesserung deiner Selbstdisziplin bei und kann als konstruktiver Ausgleich dienen, wenn der Drang nach Alkohol wieder stärker wird.

Im Team läuft es noch besser

Such dir auch ruhig eine Sportgemeinschaft oder einen Verein. Gemeinsam macht Bewegung noch mehr Spaß und du knüpfst neue Kontakte zu Menschen, die dich unterstützen. Vielleicht entdeckst du sogar eine neue Leidenschaft, die dein Leben bereichert. Es sollte aber kein verein sei, in dem das Trinken von Alkohol nach der Aktivität obligatorisch ist.

7.8 Selbsterkenntnis – Selbstkontrolle und Selbstbeobachtung

Kennst du dieses Gefühl, wenn du plötzlich merkst, wann und warum du an Alkohol denkst? Das ist der erste Schritt zur Selbsterkenntnis, und die ist mächtig. Sich selbst zu beobachten und zu verstehen, warum in bestimmten Momenten das Verlangen nach einem Drink aufkommt, kann dir helfen, die Kontrolle zu behalten.

Die Kunst der Selbstbeobachtung

Ein Tagebuch kann, wie bereits mehrfach beschrieben, wahre Wunder bewirken. Schreibe auf, wann du das Bedürfnis nach Alkohol spürst und was direkt davor passiert ist. Du wirst erstaunt sein, welche Muster sich da zeigen! Vielleicht ist es der Stress bei der Arbeit oder bestimmte soziale Situationen, die dieses Verlangen auslösen.

Praktische Werkzeuge und Apps

Und wenn du lieber etwas Moderneres magst: Es gibt spezielle Apps zur Selbstbeobachtung und Unterstützung. Diese kleinen Helferlein in der Hosentasche können dir Erinnerungen schicken, deine Fortschritte dokumentieren und dich motivieren. Apps wie „Sober Time“ oder „I Am Sober“ bieten dir eine Plattform, um deine alkoholfreie Reise zu überwachen und Unterstützung zu finden.

Du hast das Heft in der Hand und die Kontrolle

Selbstkontrolle zu entwickeln ist wie ein Muskeltraining für deine Willenskraft. Je mehr du trainierst, desto stärker wirst du. Und irgendwann wirst du merken: Du hast die Zügel in der Hand! Durch kontinuierliche Selbstbeobachtung und das Erkennen deiner Muster wirst du besser in der Lage sein, präventive Maßnahmen zu ergreifen und Situationen zu meiden, die riskant sein könnten.

8 Fit für die MPU mit diesem Fragenkatalog

Es ist wichtig zu beachten, dass die MPU-Prüfer keine bestimmten Antworten erwarten, sondern dass es vielmehr darauf ankommt, dass du eine ehrliche und **authentische Darstellung deiner Persönlichkeit und Fähigkeiten** gibst. Denk dran, die Gutachter wollen keinen Schauspielenden sehen – sei einfach du selbst, nur vielleicht die beste Version davon. Es ist jedoch ratsam, sich im Vorfeld auf die verschiedenen Fragen vorzubereiten und zu lernen, wie man diese am besten beantworten kann.

8.1 Fragen vom Psychologen

Stell dir vor, du biste mitten in der Psycho-Runde dieser TÜV-Station für das Oberstübchen – also bei der MPU. Da sitzt du nun und die wollen mit so einem Fragen-Pingpong tiefer in deine Psyche eintauchen, um herauszufinden, wie du so tickst. Hier mal ein Appetithappen, was der Psychologe so von dir wissen will. Und das alles ganz in seinem Stil inklusive erwarteter Antworten:

Fragen zu deiner Alkoholhistorie:

- Seit wann trinken Sie Alkohol?
- Wie oft trinken Sie Alkohol?
- Wie viel Alkohol trinken Sie durchschnittlich pro Tag/Woche/Monat?
- Wie viel Alkohol trinken Sie bei Gelegenheit (Feier, Party, etc.)?
- Haben Sie jemals Alkohol am Arbeitsplatz getrunken?

Erwartete Antwort: Die Antworten sollen ein konsistentes Bild der Trinkgewohnheiten und möglichen Veränderungen ergeben. Der Psychologe wird auch darauf achten, wie **reflektiert und selbstkritisch** Du über deinen Alkoholkonsum sprichst und ob eine Einsicht in problematische Verhaltensmuster erkennbar ist. Zu den einzelnen Fragen mal ein wenig genauer:

«Seit wann trinken Sie Alkohol?»

Erwartet wird eine **präzise zeitliche Angabe**, die den Beginn des Alkoholkonsums beschreibt. Wichtig ist auch, ob es hierbei **besondere Anlässe oder Lebensphasen** gab, die den Alkoholkonsum beeinflussten.

Beispiel: Anya, 22 Jahre

«Ich habe mit etwa 16 Jahren begonnen, gelegentlich Alkohol zu trinken, hauptsächlich auf Familienfeiern und kleineren Partys.»

«Wie oft trinken Sie Alkohol?»

Hier sollte eine **klare Frequenz** angegeben werden, die den regelmäßigen Konsum beschreibt. Der Psychologe erwartet eine Beschreibung der Konsumgewohnheiten, um ein Bild von der Regelmäßigkeit und Häufigkeit zu bekommen.

Beispiel: Pascal, 55 Jahre

«Bis vor einem Jahr habe ich durchschnittlich zwei bis drei Mal pro Woche Alkohol konsumiert.»

«Wie viel Alkohol trinken Sie durchschnittlich pro Tag/Woche/Monat?»

Detaillierte Angaben zur durchschnittlichen Menge sind wichtig. Es sollten Mengenangaben wie „Standardgläser" oder „Einheiten" verwendet werden, um das Ausmaß des Konsums zu verdeutlichen.

Beispiel: Ali, 29 Jahre

«An Werktagen trank ich in der Regel ein bis zwei Bier am Abend, also etwa 0,5 bis 1 Liter pro Tag. An Wochenenden kamen gelegentlich noch zwei bis drei Gläser Wein hinzu.»

«Wie viel Alkohol trinken Sie bei Gelegenheit (Feier, Party, etc.)?»

Der Psychologe erwartet hier ebenfalls eine **konkrete Angabe**, die beschreibt, ob bei solchen Anlässen mehr getrunken wird als im Alltag. Wichtig ist auch, welche **Art von Gelegenheiten** dies betrifft (z.B. Geburtstage, Feiertage).

Beispiel: Tomi, 36 Jahre

«Bei Feierlichkeiten oder Partys, die etwa einmal im Monat stattfanden, habe ich in der Regel vier bis fünf Getränke konsumiert, einschließlich Schnaps oder Cocktails.»

«Haben Sie jemals Alkohol am Arbeitsplatz getrunken?»

Bei der Beantwortung der Frage, ob jemals Alkohol am Arbeitsplatz konsumiert wurde, wird erneut eine ehrliche und präzise Antwort erwartet. Diese Antwort sollte die **Häufigkeit**, den **Anlass** und die **Menge des Alkoholgenusses** sowie **eventuelle Konsequenzen und persönliche Reflexionen** enthalten.

Beispiel: Aaron, 33 Jahre

«Ja, ich habe gelegentlich Alkohol am Arbeitsplatz konsumiert. Es kam selten vor, etwa zweimal in den letzten drei Jahren, jeweils im Rahmen von Feierlichkeiten im Büro wie Weihnachtsfeiern. Bei diesen Gelegenheiten habe ich jeweils ein bis zwei Gläser Sekt getrunken. Ansonsten habe ich nie konsumiert und werde es auch machen, da mir meine Arbeit wichtig ist.»

Fragen zu deinem Alkoholereignis:

- Wann und wo hat das Alkoholereignis stattgefunden?
- Wie viel Alkohol wurde getrunken und in welchem Zeitraum?
- Wurde vor oder während des Alkoholkonsums Medikamente eingenommen?

- Wie war der Anlass des Alkoholkonsums (z.B. Feier, Stress, Trauer)?
- Wer war bei dem Alkoholereignis dabei?
- Wie wurden die alkoholbedingten Ausfallerscheinungen wahrgenommen (z.B. durch die Polizei, Passanten, Freunde)?
- Wie hat das Alkoholereignis das eigene Leben und das Leben anderer beeinflusst?
- Gab es weitere Alkoholereignisse in der Vergangenheit?
- Wie hat sich das eigene Alkoholkonsumverhalten seit dem Alkoholereignis verändert?

Erwartete Antwort: Deine Antwort sollte einen **klaren, selbstreflektierten und verantwortungsbewussten Umgang mit dem Ereignis** demonstrieren. Der Psychologe möchte sehen, dass die du aus dem Vorfall gelernt hast und aktiv Maßnahmen ergreifst, um zukünftige Risiken zu minimieren.

Beispiel: Omar, 27 Jahre

«Am 15. Juni 2024 wurde ich nach einer Geburtstagsfeier auf dem Heimweg von der Polizei angehalten. Ich hatte etwa drei Stunden zuvor sieben Gläser Bier getrunken, was etwa 3,5 Litern entspricht. Die entspannte Atmosphäre des Festes führte dazu, mehr zu trinken als gewöhnlich. Im Nachhinein erkenne ich, dass mein Verhalten unverantwortlich und gefährlich war, da ich die Beeinträchtigung meiner Fahrtüchtigkeit durch den Alkohol nicht bedacht habe. Das Ereignis führte zur Sicherstellung meines Führerscheins und einer Geldstrafe, was mir deutlich gemacht hat, welche schweren Konsequenzen mein Verhalten haben kann. Seit diesem Vorfall habe ich beschlossen, keinen Alkohol mehr zu trinken, wenn ich weiß, dass ich noch fahren muss. Darüber hinaus nehme ich an einem Alkoholpräventionsprogramm teil, um mein Verhalten nachhaltig zu ändern und ein Wiederholungsereignis auszuschließen.»

Fragen zur Schwere deines Konsums

- Haben Sie jemals Entzugserscheinungen gehabt?
- Haben Sie jemals eine Entgiftung oder eine Suchttherapie gemacht?
- Haben Sie jemals alkoholbedingte Ausfallerscheinungen gehabt (z.B. Blackouts, Filmrisse)?
- Haben sie Hobbies vernachlässigt in Folge des Konsums?
- Hatten Sie Probleme am Arbeitsplatz durch ihren Konsum?
- Haben Sie jemals Schwierigkeiten in der Familie oder am Arbeitsplatz wegen Alkohol gehabt?
- Kamen Sie durch Alkoholkonsum unpünktlich zur Arbeit?
- Haben Sie jemals versucht, Ihren Alkoholkonsum zu reduzieren?
- Haben Sie Freunde oder Familie, die sich wegen Ihres Alkoholkonsums Sorgen machen und sie schon darauf angesprochen haben?
- Hatten Sie Sie mit Ihrem Partner/Partnerin wegen des Alkoholkonsums?
- Haben Sie jemals die Kontrolle über Ihren Alkoholkonsum verloren?

Erwartete Antwort: Deine Antwort sollte einen klaren, selbstreflektierten und verantwortungsbewussten **Prozess der Erkenntnis** demonstrieren. Der Psychologe möchte sehen, dass du aus deinem vergangenen Trinkverhalten und dessen Konsequenzen gelernt hast und aktiv Maßnahmen ergreifst, um zukünftige Risiken zu minimieren. Ehrlichkeit, Detailliertheit und ein erkennbares Veränderungsverhalten sind hierbei von zentraler Bedeutung. Problematisch wäre, wenn aufgrund deiner Antworten dein **Trinkkonsum als Abhängigkeit** eingeordnet würde. Liess hierzu noch mal unter Kapitel 6.9 nach.

Beispiel: Khadim, 27 Jahre

«Ja, ich hatte einmal Entzugserscheinungen, wie Zittern und Schwitzen, als ich versuchte, meinen Alkoholkonsum abrupt zu stoppen. Infolgedessen habe ich vor zwei Jahren eine stationäre Entgiftung gemacht, gefolgt von einer ambulanten Suchttherapie, um mein Trinkverhalten nachhaltig zu ändern. Zudem hatte ich mehrfach alkoholbedingte Ausfallerscheinungen, bei denen ich Teile des Abends nicht mehr erinnern konnte. Diese Filmrisse haben mir sehr zu denken gegeben. Durch meinen Alkoholkonsum habe ich mein Hobby, Fußball zu spielen, vernachlässigt, da ich mich oft müde und antriebslos fühlte. Auch am Arbeitsplatz hatte ich Probleme: Es kam mehrfach vor, dass ich verspätet erschien und meine Konzentration beeinträchtigt war, was sich negativ auf meine Arbeitsleistung auswirkte. Diese Probleme führten auch zu Spannungen in meiner Familie, da meine Angehörigen öfter mit mir über mein Trinkverhalten gestritten haben und besorgt waren.

Ich habe mehrfach versucht, meinen Alkoholkonsum zu reduzieren, indem ich nur noch am Wochenende trank, jedoch war dies nicht erfolgreich. Meine Freunde und Familie haben mich mehrfach darauf angesprochen und ihre Sorgen ausgedrückt, was mich letztendlich dazu bewegt hat, professionelle Hilfe aufzusuchen. Es kam vor, dass ich mehr trank als beabsichtigt und die Kontrolle über meinen Konsum verlor, was negative Folgen für mein soziales und berufliches Leben hatte. Diese Einsichten und die Unterstützung durch meine Familie und Freunde haben mir geholfen, einen neuen Weg einzuschlagen und mein Verhalten nachhaltig zu ändern. Ich bin mir der Risiken und Konsequenzen meines früheren Verhaltens bewusst und habe gelernt, verantwortungsvoller mit Alkohol umzugehen.»

Fragen zum Konsum von anderen Drogen: Mischmasch oder nicht?

- Haben Sie jemals Alkohol und Drogen gleichzeitig konsumiert?
- Haben Sie jemals versucht, Alkohol durch andere Substanzen (z.B. Medikamente) zu ersetzen?
- Wie oft haben Sie Alkohol und Drogen gleichzeitig konsumiert?
- Können Sie ein bestimmtes Ereignis beschreiben, bei dem Sie Alkohol und Drogen gleichzeitig konsumiert haben?
- Konsumieren Sie auf Feiern Alkohol und Drogen zusammen?
- Wie oft hat ein Freund Ihnen schon einen Joint angeboten?

Erwartete Antwort:

Die Antworten auf diese Fragen sollten detailliert, ehrlich und reflektiert sein, um dem Psychologen ein **umfassendes Bild des Konsumverhaltens** zu vermitteln. Es ist wichtig, dass die du deine **Einsichtsfähigkeit und das Bewusstsein für die Risiken und Konsequenzen des Mischkonsums** zeigst und darlegst, welche Schritte du unternommen hast, um dein Verhalten zu ändern. Du solltest vor allem zeigen können, dass du die Auswirkungen von Drogen und Alkohol auf die Fahrtüchtigkeit verstehst und geeignete Maßnahmen ergreifst, um sicherzustellen, dass du immer fahrtauglich bist. Idealerweise kam Mischkonsum weder in deiner Fahr- noch in deiner Alkoholhistorie je vor.

Beispiel: Besim, 28 Jahre

«Ja, ich habe in der Vergangenheit Alkohol und Drogen gleichzeitig konsumiert. Konkret handelte es sich dabei um Alkohol und Cannabis. Dies geschah nicht regelmäßig, aber es kam vor, vor allem an Wochenenden auf Partys oder in geselliger Runde mit Freunden. Der Mischkonsum trat etwa einmal im Monat auf. Der Hauptgrund für den gleichzeitigen Konsum von Alkohol und Cannabis war, dass ich mich dadurch entspannter und geselliger fühlte. In meinem Freundeskreis war dieser Mischkonsum verbreitet.

Ein besonderes Ereignis, das mir in Erinnerung geblieben ist, fand etwa vor einem Jahr statt. Es war eine Party bei einem Freund, bei der ich zuerst mehrere Biere getrunken habe und später am Abend auch Cannabis rauchte. Ich bemerkte, wie meine Wahrnehmung verzerrt wurde und mein Gleichgewichtssinn stark beeinträchtigt war. Dieser Mischkonsum hatte erhebliche Auswirkungen auf mein Verhalten und meine Wahrnehmung. Ich fühlte mich oft desorientiert, meine Reaktionszeiten waren verlängert.

Die Konsequenzen dieses Verhaltens waren schwerwiegend. Ich bemerkte, dass mein soziales Leben und meine Beziehungen darunter litten, da ich unzuverlässig wurde und Verabredungen versäumte. Beruflich führte es zu Müdigkeit und mangelnder Konzentration, was meine Arbeitsleistung beeinträchtigte. Seit dem letzten Vorfall sind nun zehn Monate vergangen. Ich bewusst keinen Alkohol mehr zusammen mit Drogen konsumiert und achte strikt darauf, solche Situationen zu vermeiden. Um den Mischkonsum zu beenden, habe ich mich intensiv mit den Risiken und Folgen auseinandergesetzt. Ich habe mich von Freunden distanziert, die weiterhin diesen Lebensstil pflegen, und suche bewusst den Umgang mit Personen, die einen gesünderen Lebensstil führen. Zudem habe ich eine Beratungsstelle besucht, die mir geholfen hat, mein Verhalten zu reflektieren und nachhaltige Veränderungen vorzunehmen.»

Fragen zu Deinen Zielen/Träumen:

- Was sind ihre persönlichen Ziele oder Träume?
- Welche Ziele oder Träume haben sie für Ihre Zukunft und wie wollen Sie diese erreichen?
- Wo wären sie in fünf Jahren gerne? Und warum?

Erwartete Antwort: Die Gutachter möchten hören, dass du nicht Batman sein willst, sondern klare und realistische Ziele hast, die zu dir passen und die du auch packen kannst. Die Antwort soll den Psychologen zeigen, dass du nicht nur Luftschlösser baust, sondern wirklich mit beiden Beinen im Leben stehst und bereit bist, an dir zu arbeiten.

Beispiel: Tom, 35 Jahre alt

«Meine persönlichen Ziele, wissen Sie, sind eigentlich ziemlich klar und ich gehe die auch ganz bodenständig an. Zuerst einmal, ich will sicherstellen, dass ich nicht wieder in die Verlegenheit komme, hier sitzen zu müssen – und dafür nehme ich meine Verantwortung im Straßenverkehr wirklich ernst. Ich habe Fahrsicherheitstrainings ins Auge gefasst, um meine Fähigkeiten als Fahrer zu verbessern und mich sicherer zu fühlen.

Beruflich möchte ich in den nächsten Jahren eine Fortbildung abschließen, um in meiner Position aufzusteigen. Ich habe mich bereits über mögliche Kurse informiert, durchgesprochen, welche davon für meine Karriere förderlich sind, und einen realistischen Plan, diesen neben der Arbeit durchzuziehen.

Und persönlich? Da geht's um Balance. Ich will mehr Zeit mit meiner Familie verbringen und gleichzeitig meinen Hobbies nachgehen – also Zeitmanagement ist der Schlüssel. Ich arbeite mit einer App für die Strukturierung meiner Aufgaben, um sicherzustellen, dass ich meine Zeit effektiv nutze. Klingt jetzt vielleicht ein bisschen nach Checkliste fürs Leben, aber hey, ohne Plan geht's halt nicht.»

Fragen zu deinen Handlungen zur Konflikt- und Stressbewältigung:

- Wie gehen Sie mit Konflikten und Stress um?
- Wie reagieren Sie, wenn sich grössere Probleme andeuten?
- Wie gehen Sie vor, wenn Sie merken, dass Sie einen Irrtum begangen haben oder auf dem Weg sind, einen Fehler zu machen?

Erwartete Antwort: Wenn's mal kracht und der Stress-Pegel steigt, wie segelst du da durch? Die Gutachter erwarten nicht immer Yoga-Guru-Vibes von dir, sondern einfache Wege, wie du mit Zoff und Hektik klarkommst. Die Antwort soll zeigen, dass du Strategien entwickelt hast, um effektiv mit Stress und Konflikten umzugehen, und dass du eine reife Herangehensweise an die Problemlösung hast, was in der MPU positiv bewertet werden kann.

Beispiel: Lea, 25 Jahre

«Ich bin mir bewusst, dass Stress und Konflikte Teil des Lebens sind und ich habe gelernt, mir dieser Herausforderungen auf eine gesunde und produktive Weise zu stellen. Bei Stress habe ich festgestellt, dass es wichtig ist, mich regelmäßig zu bewegen und Zeit für Entspannungstechniken wie Tiefenatmung oder Meditation einzuplanen.

Bei Konflikten strebe ich nach offener Kommunikation. Ich bin überzeugt, dass viele Konflikte durch Missverständnisse entstehen, daher nehme ich mir Zeit, zuzuhören und sicherzustellen, dass ich den Standpunkt der anderen Person verstanden habe. Ich versuche, meine Gedanken und Gefühle ruhig und klar zu äußern und arbeite proaktiv daran, gemeinsame Lösungen zu finden.

Wenn sich größere Probleme anbahnen, warte ich nicht, bis sie unkontrollierbar werden, sondern handle frühzeitig. Ich suche nach Unterstützung und Ratschlägen bei vertrauenswürdigen Freunden, Familie oder auch bei Fachleuten, um verschiedene Perspektiven zu bekommen.»

Fragen zu deinem Umgang mit Alkohol

- Wie gehen Sie mit Alkohol und Drogen um?
- Wie ist ihre Einstellung zu Alkohol? Und zu Drogen allgemein?
- Hat sich Ihre Einstellung seit dem Vorfall geändert?
- Beschreiben Sie Ihr Trinkverhalten vor dem Vorfall, der zur MPU geführt hat.
- Welche Gründe sehen Sie für Ihren früheren Alkoholkonsum und wie gehen Sie mit diesen Auslösern heute um?
- Welche Rolle hat Alkohol generell in Ihrem Leben gespielt, und wie hat sich dies auf Ihr Fahrverhalten ausgewirkt?
- Alkohol und Drogen haben doch auch etwas Befreiendes, oder?
- Welche Einstellungen haben Ihre Eltern zu dem Konsum von Alkohol und Drogen?

Erwartete Antwort: Schnaps und Drogen, wie stehst du dazu? Sei ehrlich und mach keinen auf Unschuldslamm. Zeig, dass du die Finger davonlassen kannst und weißt, warum das so 'ne kluge Idee ist. Wichtig ist eine ehrlich und offen wirkende Darstellung der eigenen **Einstellung** und des eigenen Umgangs mit Alkohol und Drogen. **Du sollst zeigen, dass du in der Lage bist, eine Entscheidung zur Abstinenz oder zum moderaten Trinken aufrechtzuerhalten**. Die Antwort soll zeigen, dass du Risiken ernst nimmst und auch bereit bist, in deinem Umfeld präventiv zu handeln. Solche Worte deuten auf eine reife und selbstkritische Haltung hin, die in der MPU positiv bewertet wird.

Beispiel: Klaus, 42 Jahre

«Meine Einstellung zu Alkohol und Drogen hat sich grundlegend gewandelt. Ich habe erkannt, wie wichtig es ist, vollständig verantwortlich und nüchtern am Straßenverkehr teilzunehmen. Deshalb habe ich seit meinem letzten Verstoß einen klaren Schnitt gemacht und verzichte ganz auf Alkohol. Mir ist bewusst geworden, dass sogar kleine Mengen Alkohol die Fahrtüchtigkeit beeinträchtigen können. Deswegen trinke ich, wenn überhaupt, nur noch bei Gelegenheiten, bei denen ich nicht mehr fahren muss und es den Rahmen nicht sprengt.

Bei Drogen gilt für mich eine Nulltoleranz. Ich distanziere mich strikt von jeglichem Konsum illegaler Substanzen und stehe auch im sozialen Umfeld für diese Haltung ein. Ich habe mich informiert über die Auswirkungen von Alkohol und anderen Drogen auf die Gesundheit und das Verhalten im Straßenverkehr und bin dadurch zu der Überzeugung gekommen, dass der Verzicht die einzig sichere Option für mich und andere Verkehrsteilnehmer ist.

Um mein Verhalten konsequent umzusetzen, nutze ich Strategien wie die Planung von Alternativen zum Autofahren, wenn ich weiß, dass Alkoholkonsum eine Rolle spielen könnte, beispielsweise durch die Verwendung von öffentlichen Verkehrsmitteln oder ein Taxi. Ich engagiere mich zudem für Präventionsarbeit und versuche, meine Erfahrungen zu teilen, um auch mein Umfeld für die Gefahren von Alkohol am Steuer zu sensibilisieren.

Fragen zu deiner Verantwortungsübernahme

- Wie gehen Sie mit Fehlern und Verantwortung um?
- Können Sie eine Situation beschreiben, in der Sie einen Fehler gemacht haben?
- Wie sind Sie mit ihrem Vergehen umgegangen und was haben Sie daraus gelernt?
- Wie würden Sie Ihr Verhalten im Straßenverkehr seit dem Vorfall beschreiben? Haben Sie Änderungen vorgenommen?

Erwartete Antwort: Und wie ist das bei dir mit dem eigenen Mist, den du mal baust? Können sie von dir hören, dass du sagen kannst: "Ups, mein Fehler", und was lernst du daraus? Die wollen sehen, dass du **dein Handeln reflektierst** und auch bereit bist, die **Verantwortung zu übernehmen**. Eine ehrliche und reflektierte Darstellung der eigenen Verantwortungsbereitschaft ist daher angebracht. Die Antwort soll auch signalisieren, dass du dein Handeln unter Alkohol aufrichtig bereust.

Beispiel: Mustafa, 33 Jahre

«*Ja, es gab eine Situation, in der ich leider einen großen Fehler gemacht habe. Ich bin nach dem Genuss einiger alkoholischer Getränke noch Auto gefahren. Das war nicht nur gesetzeswidrig, sondern auch moralisch absolut unverantwortlich und hätte schlimme Folgen haben können, nicht nur für mich, sondern auch für andere Verkehrsteilnehmer. Glücklicherweise ist nichts passiert, aber es hätte auch anders ausgehen können. Nach diesem Vorfall habe ich intensiv reflektiert und mir professionelle Hilfe gesucht. Ich habe ein Fahreignungsseminar besucht und mich über die Gefahren des Fahrens unter Alkoholeinfluss und dessen rechtliche Konsequenzen informiert. Diese Veränderungen sind Teil meiner Bemühungen, mich als verantwortungsbewusster und sicherer Verkehrsteilnehmer zu etablieren.*»

Fragen zu deinem allgemeinen Verhalten im Straßenverkehr

- Wie verhalten Sie sich im Straßenverkehr?
- Können Sie ein Beispiel nennen, bei dem Sie geduldig und verständnisvoll mit einer stressigen oder herausfordernden Verkehrssituation umgegangen sind?
- Wie reagieren Sie im Straßenverkehr auf Stresssituationen, Provokationen oder Fehlverhalten anderer Verkehrsteilnehmer?

Erwartete Antwort: Bist du im Straßenverkehr die Rennsemmel oder der Sonntagsfahrer? Schilder wahrnehmen, Blinker setzen, nett Lächeln – du weißt schon, wie benimmt man sich da draußen korrekt? Die Fragen sollen deine Verhaltensmuster offenlegen, um zu beurteilen, ob du für die sichere Teilnahme am Straßenverkehr geeignet bist. Dabei geht es nicht zum Beispiel um die Akzeptanz der Straßenverkehrsregeln und ein angepasstes Fahrverhalten. Eine ehrliche und detaillierte Darstellung des eigenen Verhaltens im Straßenverkehr, einschließlich der Einhaltung von Verkehrsregeln, dem Umgang mit anderen Verkehrsteilnehmern und der Einschätzung von Risiken ist angesagt.

Beispiel allgemeines Verhalten im Straßenverkehr: Tarek, 37 Jahre

«Ich verhalte mich vorschriftsmäßig und umsichtig im Straßenverkehr. Ich halte mich an die Geschwindigkeitsbegrenzungen, benutze den Blinker rechtzeitig vor Abbiegevorgängen und achte darauf, den nötigen Abstand zu anderen Fahrzeugen zu halten. Zudem versuche ich, jederzeit aufmerksam zu sein und mich von nichts ablenken zu lassen, um auf unerwartete Situationen richtig reagieren zu können.»

Beispiel geduldiges und verständnisvolles Verhalten: Lea,. 21 Jahre

«Erst kürzlich gab es eine Situation, in der ich geduldig und verständnisvoll war. Ich stand in einem Stau und ein sichtlich gestresster Fahrer hinter mir hupte wiederholt und zeigte Ungeduld. Anstatt genervt zu reagieren, blieb ich ruhig, winkte ihm freundlich zu und signalisierte ihm, dass wir alle im selben Boot sitzen und warten müssen. Als der Verkehr sich schließlich lockerte, ließ ich ihn vor, um die Spannung abzubauen, und er dankte mir mit einem Handzeichen.»

Beispiel für Reaktion auf Stresssituationen, Provokationen oder Fehlverhalten: Anastasia, 28 Jahre

«In Stresssituationen und bei Provokationen im Straßenverkehr ist es mein Ziel, ruhig und kontrolliert zu bleiben. Beispielsweise, wenn ein anderer Fahrer aggressiv fährt oder mich schneidet, atme ich tief durch und halte Abstand, anstatt mich auf ein riskantes Fahrverhalten einzulassen. Ich habe gelernt, dass es nichts bringt, mich über das Fehlverhalten anderer aufzuregen, da dies nur zur eigenen Belastung wird und das Unfallrisiko erhöht. Stattdessen fokussiere ich mich darauf, sicher und gelassen an mein Ziel zu kommen.»

Fragen zu deinem sozialen Umfeld:

- Wie gestaltet sich Ihr soziales Umfeld?
- Wie geht Ihr soziales Umfeld mit Alkoholkonsum um? Gibt es in Ihrem Freundes- und Bekanntenkreis Personen, die regelmäßig Alkohol konsumieren?
- Haben Sie Freunde oder Familienmitglieder, die Sie bei Ihrem Vorhaben, den Alkoholkonsum zu reduzieren oder ganz darauf zu verzichten, unterstützen?
- Haben Sie Veränderungen in Ihrem sozialen Umfeld vorgenommen, nachdem Sie sich für einen verantwortungsbewussten Umgang mit Alkohol entschieden haben?
- Gab es in der Vergangenheit sozialen Druck, Alkohol zu konsumieren, und wie sind Sie in solchen Situationen umgegangen?
- Wie würden Sie Ihr derzeitiges soziales Netzwerk beschreiben? Hat sich nach ihrem Alkoholdelikt etwas geändert?
- Sie treffen einen Ihrer «alten Freunde». Feiern Sie das Treffen? Wie?

Erwartete Antwort: Deine Gang, deine Leute – wie sieht's damit aus? Bist du der einsame Wolf oder der Rudeltier-Typ? Sie finden es gut, wenn du zeigen kannst, dass du ein **Netzwerk** hast, so mit Leuten, die dich supporten. Eine **detaillierte Darstellung des eigenen sozialen Umfelds und der Beziehungen zu Familie, Freunden und Kollegen** ist daher wichtig. Falls du vorher in einem Umfeld gelebt hast, indem viel Alkohol konsumiert wurde, ist es sinnvoll, wenn du dieses verlassen hast. Die Antworten helfen dem Gutachter zu beurteilen, ob die Person ein Umfeld hat, das sie dabei unterstützt, künftig keinen Alkohol mehr zu konsumieren, oder ob sie in der Lage ist, sich gegenüber etwaigen negativen Einflüssen aus ihrem Umfeld zu behaupten.

Beispiel: Paul, 28 Jahre

«Mein soziales Umfeld hat sich in den letzten Monaten deutlich verändert. Früher war ich häufig in Gesellschaft, in der regelmäßig Alkohol konsumiert wurde, und ich habe mich dem Gruppenzwang oft gebeugt, ohne die Konsequenzen für meine Gesundheit und mein Verhalten im Straßenverkehr ernsthaft zu bedenken. Seit dem Vorfall, der zur MPU führte, habe ich mir jedoch die Risiken meines Handelns bewusst gemacht und einen entscheidenden Schritt hin zu einem verantwortungsvollen Lebensstil gemacht. Ich habe mir einen Freundeskreis aufgebaut, der einen gesunden Lebensstil bevorzugt und wo Alkohol eine sehr untergeordnete Rolle spielt. Diejenigen, die trinken, respektieren meine Entscheidung, abstinent zu bleiben und unterstützen mich darin.

Meine Familie spielt eine große Rolle bei der Veränderung meines Trinkverhaltens. Sie haben mir nicht nur emotionalen Rückhalt gegeben, sondern mir auch geholfen, Alternativen zu finden, wie ich meine Freizeit erfüllend und ohne Alkohol gestalten kann. Ich habe gelernt, mich Aktivitäten zu widmen, die gesund sind und mein Wohlbefinden steigern, wie Sport oder Wandern.

Natürlich gab es Situationen, in denen ich gesellschaftlichem Druck ausgesetzt war, vor allem bei Veranstaltungen wie Geburtstagen oder Betriebsfeiern. Ich habe jedoch gelernt, offen mit meiner Entscheidung umzugehen und festzustehen, auch wenn andere Alkohol konsumieren. Ich fühle mich jetzt in meiner Rolle sicher und bin stolz darauf, 'nein' sagen zu können.

Insgesamt würde ich mein derzeitiges soziales Netzwerk als unterstützend und positiv beschreiben. Die Menschen um mich herum wissen von meinem Alkoholdelikt und respektieren meinen Wunsch, in Zukunft keinen Alkohol mehr zu trinken. Ich habe das Gefühl, dass diese Veränderungen in meinem sozialen Umfeld maßgeblich zu meiner persönlichen Entwicklung beigetragen haben und eine Wiederholung des Vorfalls verhindern werden.»

Fragen zu deinen Strategien, um einen Rückfall zu vermeiden:

- Welche konkreten Maßnahmen haben Sie ergriffen, um einen Rückfall zu vermeiden? Können Sie Beispiele nennen?
- Wie gehen Sie mit Situationen um, die in der Vergangenheit zum Alkoholkonsum geführt haben? Haben Sie Vermeidungsstrategien entwickelt?
- Haben Sie einen Notfallplan für den Fall, dass Sie einem starken Verlangen nach Alkohol oder einer stressreichen Situation ausgesetzt sind? Was beinhaltet dieser Plan?
- Welche Rolle spielen professionelle Hilfsangebote oder Selbsthilfegruppen in Ihrem Leben, um den Alkoholkonsum zu kontrollieren und zu vermeiden, dass Sie betrunken Auto fahren?
- Wie stellen Sie sicher, dass Sie auch in Ausnahmesituationen wie Feiern oder bei Trauerfällen nicht auf Alkohol zurückgreifen?

Erwartete Antwort: Bei diesen Fragen geht es um das Engagement für eine dauerhafte Verhaltensänderung und die Entwicklung von effektiven Strategien zur Rückfallprävention. Genau das wollen die Gutachter beurteilen. Den musst du von der Ernsthaftigkeit und Nachhaltigkeit des persönlichen Wandels überzeugen.

Fragen zu deiner Selbsteinschätzung:

- Wie schätzen Sie Ihre Fähigkeiten und Persönlichkeit ein?
- Wie bewerten Sie Ihre eigenen Stärken und Schwächen in Bezug auf die Einhaltung von Verkehrsregeln?
- Wie schätzen Sie Ihre bisherigen Bemühungen ein, Ihre Probleme mit Alkohol zu überwinden?
- Wie zuverlässig ist Ihre Selbsteinschätzung, ob Sie noch fahrtauglich sind oder nicht, nachdem Sie Alkohol getrunken haben?

Erwartete Antwort: Und schlussendlich, wie würdest du dich selbst verkaufen? Was ist top, und wo hapert's noch? Die Gutachter suchen hier nach ehrlichem Selbstbewusstsein, nicht nach Angeberei oder Selbstmitleid. Eine realistische und reflektierte Darstellung der eigenen Fähigkeiten und Persönlichkeit, einschließlich Stärken und Schwächen.

Beispiel: Pedro, 31 Jahre

«Meine Fähigkeiten und Persönlichkeit habe ich in den vergangenen Monaten intensiv reflektiert. Grundsätzlich sehe ich mich als verantwortungsbewussten Menschen, der jedoch in der Vergangenheit nicht immer die notwendige Disziplin und Einsicht gezeigt hat, vor allem in Bezug auf Alkoholkonsum und die Teilnahme am Straßenverkehr. Als Stärken betrachte ich meine Fähigkeit, aus Fehlern zu lernen und mich weiterzuentwickeln. Seit meinem Vergehen habe ich mich aktiv darum bemüht, meine Kenntnisse über die Verkehrsregeln zu vertiefen und mir meiner Verantwortung als Fahrzeugführer bewusster zu werden. Schwächen sehe ich rückblickend in einer gewissen Naivität und in meinem Umgang mit Alkohol, der mich zu schlechten Entscheidungen geführt hat.

Meine Bemühungen, die Probleme mit dem Alkohol zu überwinden, schätze ich als erfolgreich ein. Ich habe mich nicht nur selbst über Alkohol informiert, sondern auch professionelle Hilfe in Anspruch genommen und meine Trinkgewohnheiten grundlegend geändert. Ich habe erkannt, dass auch geringe Mengen Alkohol das Risiko im Straßenverkehr erheblich erhöhen und es keine verlässliche Selbsteinschätzung gibt, die Trunkenheit ausschließt. Deshalb habe ich mich für absolute Abstinenz entschieden, wenn ich fahre.

Meine Selbsteinschätzung in Bezug auf meine Fahrtauglichkeit nach Alkoholkonsum ist, dass sie nicht zuverlässig war. Ich habe akzeptiert, dass ich diesbezüglich einen ernsthaften Fehler begangen habe und nun klare Regeln für mich formuliert habe.»

8.2 Fragen vom Mediziner

Hier sind einige Beispiele für typische Fragen, die während des medizinischen Teils der MPU gestellt werden können.

Fragen zu deiner Krankheitsgeschichte:

Diese Art von Informationen hilft Ärzten, ein ganzheitliches Bild der Gesundheit der Person zu erlangen, Muster zu erkennen, die auf gesundheitliche Probleme hinweisen könnten, sowie mögliche Präventionsmaßnahmen zu diskutieren. In Bezug auf eine MPU können solche Gesundheitsfragen dazu beitragen, das Gesamtbild der Fahreignung einzuschätzen.

- Wie würden Sie Ihren allgemeinen Gesundheitszustand beschreiben?
- Haben Sie Allergien oder Unverträglichkeiten? Wenn ja, gegen was?
- Haben Sie Vorerkrankungen oder chronische Krankheiten? Wenn ja, welche?
- Gibt es in Ihrer Familie Vorerkrankungen, die genetisch bedingt und für Sie relevant sein könnten?
- Wie ist Ihre Schlafroutine? Haben Sie Schlafstörungen oder leiden unter Anzeichen von Schlafmangel?
- Haben Sie in der Vergangenheit Operationen oder grössere medizinische Eingriffe gehabt? Wenn ja, gehen sie genauer auf diese ein.

Erwartete Antwort: Eine ehrliche und detaillierte Darstellung der eigenen Krankheitsgeschichte, einschließlich chronischer Erkrankungen, Verletzungen und Operationen. Du solltest zeigen können, dass du die Auswirkungen deiner Erkrankungen auf die Fahrtüchtigkeit verstehst und geeignete Massnahmen ergriffen hast, um diese zu minimieren.

Beispiel: Dieter, 37 Jahre

Allgemeiner Gesundheitszustand: *«Ich habe das Glück, über einen robusten Gesundheitszustand zu verfügen. Ich bin konsequent in meiner täglichen Routine, die neben einer ausgewogenen Ernährung auch regelmäßige Bewegung umfasst. Ich bemühe mich, auf meinen Körper zu hören und ihm die notwendige Ruhe zukommen zu lassen.»*

Allergien oder Unverträglichkeiten: *«Nein, aktuell bin ich mir keiner Allergien oder Unverträglichkeiten bewusst. Ich versuche, mich gesund und ausgewogen zu ernähren, und habe dabei bisher keine negative Reaktion auf bestimmte Nahrungsmittel oder Umwelteinflüsse feststellen können.»*

Vorerkrankungen oder chronische Krankheiten: *«Zum jetzigen Zeitpunkt gibt es keine Vorerkrankungen oder chronische Krankheiten in meiner Krankheitsgeschichte. Ich habe das Privileg, dass mein Körper mich bisher gut durchs Leben trägt, ohne dass ich mit ernsten Gesundheitsproblemen zu kämpfen hatte.»*

Familiäre Vorgeschichte genetischer Krankheiten: *«In meiner Familie gab es glücklicherweise keine schwerwiegenden genetischen Krankheiten. Ich bin mir der Bedeutung einer genetischen Krankheit bewusst und lasse daher übliche Vorsorgeuntersuchungen durchführen.»*

Schlafgewohnheiten: *«Ich schätze die Wichtigkeit eines regenerativen Schlafs sehr und halte mich an eine konsequente Schlafenszeit. Im Durchschnitt schlafe ich sieben bis acht Stunden pro Nacht, was mir hilft, tagsüber voller Energie und fokussiert zu sein.»*

Größere medizinischen Eingriffe in der Vergangenheit: «Abgesehen von den üblichen Routineuntersuchungen und Impfungen habe ich bisher keine größeren medizinischen Eingriffe erfahren müssen.»

Deine aktuellen medizinischen Probleme:

Diese Fragen sollen eine umfassende Einschätzung des aktuellen gesundheitlichen Zustands der Person ermöglichen und sind darauf ausgerichtet, mögliche Risiken für die Verkehrssicherheit klar zu identifizieren.

Fragen:

- Leiden Sie derzeit unter akuten oder chronischen Krankheiten?
- Haben Sie in letzter Zeit medizinische Diagnosen erhalten, die Ihre Gesundheit oder Ihr tägliches Leben beeinträchtigen?
- Nehmen Sie aktuell Medikamente ein? Wenn ja, welche und wofür?
- Haben Sie kürzlich operative Eingriffe oder medizinische Behandlungen durchlaufen?
- Erleben Sie derzeit Symptome wie anhaltende Schmerzen, Müdigkeit oder Schwindel?
- Gibt es gesundheitliche Probleme, die Ihre Verkehrssicherheit beeinträchtigen könnten?
- Wie handhaben Sie aktuell bestehende gesundheitliche Einschränkungen im Alltag?
- Sind Sie momentan in regelmäßiger medizinischer oder therapeutischer Behandlung?
- Haben Sie Allergien oder Unverträglichkeiten, die im Moment relevant sind?
- Leiden Sie unter psychischen Problemen oder Belastungen, wie etwa Depressionen oder Angstzuständen?

Erwartete Antwort: Eine ehrliche Darstellung eventueller **aktueller medizinischer Probleme** und deren **Auswirkungen auf die Fahrtüchtigkeit**. Du sollst zeigen können, dass du geeignete Behandlungen in Anspruch nimmst und sicherstellen kannst, dass deine Fahrtüchtigkeit nicht beeinträchtigt wird.

9 Umgang mit MPU-Ergebnissen: Klug agieren nach der Prüfung

9.1 Bei Gutachten-Nebel: Mit Experten-Support zur klaren Fahrroute

Sollte in deiner Gedankenwelt ein kleines Unwetter aufziehen, weil dein MPU-Gutachten eher Rätsel aufgibt, als Antworten zu liefern, dann zögere nicht, das Ruder selbst in die Hand zu nehmen. Klar Schiff machst du am besten, indem du schnurstracks Kurs auf die Begutachtungsstelle nimmst oder dich bei einem Verkehrspsychologen oder einem MPU-Berater deines Vertrauens an die Reling lehnst.

Pack die Lupe aus

Nimm alles unter die Lupe, was dir Kopfzerbrechen bereitet und steuere Gespräche so, dass du am Ende den Nebel lichtest. Mit dem Fachmann oder der Fachfrau an deiner Seite kannst du Wind in die Segel bekommen und die einzelnen **Punkte des Gutachtens durchgehen**, als wären es Koordinaten auf deiner Schatzkarte. Dann kannst du den Erklärungen folgen und schon werden die dunklen Wolken weichen, die Unklarheiten von dannen ziehen und du wirst wieder festen Boden unter den Füßen spüren.

Also keine Angst vor hohen Wellen, mit der richtigen Crew an deiner Seite manövrierst du durch jede noch so stürmische See der Verständnislosigkeit und ankere am sicheren Hafen der Klarheit.

9.2 Mit einem negativen MPU-Gutachten zurück auf die Überholspur

Du fühlst also den Wind der MPU in deinem Nacken, aber der ist eher ein laues Lüftchen und kein frischer Sommerbrise? Lass' den Kopf nicht hängen, wenn das erste Gutachten dich auf dem Glatteis erwischt hat. Denk dran: Jedes negative Gutachten ist wie ein Stolperstein auf deinem Weg zurück ins Fahrvergnügen – doch auch Stolpersteine kann man langfristig umgehen!

Rückzug statt Ablehnung: Die taktische Entscheidung

Ein negatives Gutachten sollte **nicht** an die Führerscheinstelle gesendet werden. Die sehen das nämlich gar nicht gerne. Zieh stattdessen deinen Antrag auf Wiedererteilung der Fahrerlaubnis zurück. Dann flattert dir auch kein Ablehnungsbescheid und der damit verbundene Eintrag im Fahreignungsregister ins Haus. Den Antrag kannst du jederzeit wieder neu stellen.

Eine neue Runde gibt es dann immer, solange du deine Hausaufgaben machst! Also alle Problempunkte des Gutachtens angehen und dann erst einen Neustart wagen: Was kannst du verbessern? Worauf solltest du in Zukunft verzichten? Du erkennst also: Einmal gestolpert ist nicht gleich aus dem Rennen. Und wenn der Tag kommt, an dem du stolz dein positiveres – oder besser noch – strahlend positives Gutachten präsentierst.

Der positive Ausblick: Neuanfang mit klarem Ziel

Auch wenn die derzeitige Situation sich düster anfühlt, sei dir sicher, dass dies nur ein Kapitel in deinem Roadmovie ist. Nutze die Zeit der Vorbereitung, um aus deinen Fehlern zu lernen und deine Stärken auszubauen. Besuche entsprechende Seminare, nimm psychologische Unterstützung in Anspruch und bleib am Ball. Informiere dich über die besten Praktiken und Methoden, um dich nachhaltig zu verbessern. Mit einem positiven Mindset und einem klaren Plan kannst du dein nächstes Gutachten zu einem Triumph machen.

9.3 Strategischer Rückzug auf dem MPU-Schlachtfeld

Ist das MPU-Barometer schwer auf Sturm gestellt und du weißt, dass es windig wird auf deinem Weg zur Fahrerlaubnis, hast du noch einen Trumpf im Ärmel. Du kannst nämlich deine Fahrlizenz galant auf den Tisch legen, bevor man dir die Karten aus der Hand nimmt. Klingt nach Kapitulation? Mitnichten! Es ist eher ein taktischer Rückzug, um die nächste Partie unter besseren Bedingungen zu starten.

Taktisches Manöver: Freiwilliger Verzicht

Dieses Manöver ist besonders dann geschickt, wenn dir ohnehin der Wind ins Gesicht peitscht – sprich, wenn dein Führerscheinzug entgleisen wird, weil du die Frist für dein MPU-Gutachten nicht einhalten kannst. Oder wenn dein bisheriger Fahrschein aschfarben vor Belastung ist, weil ein negatives MPU-Gutachten darauf drückt.

Achtung bei der Kurskorrektur: Kein Zurück nach dem Verzicht

Aber Achtung bei der freiwilligen Kurskorrektur: Mach das nur, wenn du nicht vorhast, gegen die Entzugsaussicht oder die Anordnung der MPU einen Einspruch einzulegen. Denn ist das Schiff einmal auf Tauchfahrt gegangen, gibt's kein Zurück – du kannst dann nicht mehr überprüfen, ob die MPU-Anordnung fair war oder nicht.

Größe zeigen: Der diplomatische Verzicht

Wenn du deinen Führerschein abgibst, zeig Größe: Eine Verzichtserklärung gegenüber der Behörde ist dein diplomatischer Weg und sie wird dir bestätigen: Du hast das Steuer fest in der Hand, auch wenn du grad eine Pause einlegst. Denk daran, solltest du diesen Weg wählen, ist es ähnlich einem Schachspiel: Du gibst deine Figur auf, behältst aber die Kontrolle über das Spielbrett. Mit deiner Unterschrift unter die Verzichtserklärung und der Rückgabe des heiß geliebten Führerscheins ziehst du dich geschickt aus der Affäre – aber nur für den Moment.

Vorbereitung auf den nächsten Start

Was kommt als Nächstes, fragst du dich? Nun, es ist Zeit für ein bisschen innere Einkehr und Vorbereitung, damit du beim nächsten Mal triumphierend durchs Ziel sausen kannst. Setz dich hin, schnapp dir eine karierte Flagge und markiere deinen nächsten Startpunkt. Vielleicht besuchst du ein paar Fahrerseminare oder nimmst psychologische Beratung in Anspruch, um die Gründe für das negative Gutachten besser zu verstehen. Und bleib vor allem am Ball! Halte dich informiert über neue Kurse, Trainings und mögliche Wege, wie du deine einstigen Schwächen in Stärken verwandeln kannst.

Die Boxenstoppphase nutzen: Bereit für das Comeback

Das Rennen ist nicht vorbei, es ist nur eine Art Boxenstopphase. Und sobald du bereit bist, mit einem Positiv-Gutachten in der Tasche, startest du erneut durch und zeigst der Welt, dass in dir ein sicherer Pilot steckt. Mit einer neuen Perspektive und den Lektionen aus der Vergangenheit im Rückspiegel rüstest du dich für die nächste Runde auf der Strecke zu deinem Führerschein-Comeback.

9.4 Nachschulung als Brücke zum Führerschein

Hat dir das MPU-Gutachten kein strahlendes "Top-fit am Steuer" verpasst, sondern dich eher in die Warteschleife mit einem "bedingt geeignet" gesetzt, bleibt dir die Tür zur Fahrerlaubnis dennoch offen. Denk an diesen Brief als einen Gutschein für eine Extra-Runde auf dem Trainingsparcours der Verkehrssicherheit.

Nachschulung: Deine exklusive Weiterbildung

In deinem persönlichen Gutachten findet sich dann oft der Hinweis auf eine **Nachschulung-** Dies ist ein Kurs nach §70 FeV, der so genannten Kurs zur Wiederherstellung der Fahreignung. Stell es dir wie eine Eintrittskarte für eine exklusive Weiterbildung vor. Diese Schulungen sind dazu da, wie Detektive die kleinen Stolperfallen aufzuspüren, die dich noch vom vollen Fahrspaß abhalten. Dies ist nötig, weil zwar **in der MPU zwar positive Ansätze in deinem Verhalten erkannt wurden, die Behörde geht aber davon aus, dass sich diese noch nicht verfestigt haben**.

Nutze die Zeit in der Nachschulung nicht nur, um die empfohlenen Meilensteine zu erreichen, sondern auch, um dich selbst zu übertreffen. Das ist deine Chance, dich als Meister des Lenkrads neu zu erfinden, deine Fähigkeiten zu polieren und ein paar zusätzliche PS an Fahrsicherheit draufzupacken. Denk an die Nachschulung als Fitnessstudio für deine Fahrkompetenz – jede Einheit stählt deinen Umgang mit dem Gefährt und schärft deinen Blick für die Vorsicht auf der Straße. Du triffst dort auf Gleichgesinnte, tauschst Erfahrungen aus und knüpfst vielleicht sogar Freundschaften, die über den Fahrschulungsraum hinausgehen.

Unterstützung findest du: Navigationshilfe durch Experten

Brauchst du eine Navigationshilfe im Dschungel der Kursangebote? Die Begutachtungsstelle, ein MPU-Berater oder ein Verkehrspsychologe sind deine persönlichen GPS-Geräte, um dich auf den richtigen Weg zu lotsen (zum Beispiel könnten sie dir eine Nachschulung beim TÜV empfehlen).

Durch die Teilnahme an der Nachschulung hast du die Chance, deine Fahrerlaubnis ohne weitere MPU wiederzuerlangen. Wird der §70-Kurs nicht wahrgenommen, entscheidet die Führerscheinstelle auf Basis des MPU-Gutachtens, was in der Regel **negativ** ausfällt.

9.5 Fahrerlaubnis im Visier: Der MPU-Bescheid vor dem Richterpult

Wenn die Ergebnisse der MPU eher trübe Wolken als strahlende Sonne zeichnen, fragst du dich vielleicht, ob du nicht den juristischen Weg einschlagen solltest. Klar, das Gutachten als solches ist kein Roman, den der Richter Korrektur liest, aber die Gründe für die Flatter mit dem MPU-Bescheid, die können schon unters Richterlupe genommen werden. Das Gericht prüft, ob die Zwangs-Einladung zur MPU überhaupt seine Richtigkeit hatte. Die Gedanken und Einschätzungen des Gutachters – solange sie Hand und Fuß haben und sich an die wissenschaftlichen Spielregeln halten – sind in der Regel vom Gericht so hinzunehmen. Oft sind alle weiteren Chancen eher wie bei einem Lotteriespiel und das bürokratische Hin und Her zieht sich wie ein schlechter Kaugummi.

Mit Profi-Unterstützung ins Gefecht

Falls du doch mit Anwalt und Paragrafen in den Ring steigen möchtest, such dir einen **Verkehrsanwalt.** Zu seiner Ausrüstung zählen das Wissen und die Erfahrungen vieler vorheriger Rennen. Er kann dir nicht nur die beste Route aufzeigen, sondern dir auch dabei helfen, Fallstricke im Gesetzestext zu umfahren und dir die besten Chancen herauszupicken.

Fokus und Zeitmanagement: Wo lohnt sich der Einsatz mehr?

Aber bedenke, während du dich mit Verkehrsanwalt und Aktenbergen ausrüstest, läuft die Zeit. Anwälte sind auch teuer. Falls dir keine Rechtsschutzversicherung zur Kostendeckung hilft, ist schnell das Geld für den nächsten Sommerurlaub dahin. Die Frage, auf die es ausserdem ankommt, ist: Könnte diese Zeit nicht besser investiert sein, um sich auf das zu fokussieren, was du selbst in der Hand hast – wie das Perfektionieren deines Fahrtalents und das Ausräumen aller Hinderungsgründe, die zur MPU geführt haben?

10 «High on Life»: Drei starke Seelen, die dem Alkohol die Stirn boten

Dieses Kapitel prickelt mehr als jeder Prosecco und ist aufregender als der spannendste Cocktailmix – hier geht's darum zu zeigen, dass Mut und Entschlossenheit stärker sind als jeder Hochprozentige. Trete ein in die "Selbstfindungsbar", wo wir die inspirierenden Geschichten von wahren bekannten Personen kennenlernen, die es geschafft haben, die blendenden Lichter der Alkoholwelt hinter sich zu lassen, um ein strahlendes, nüchternes Leben zu führen.

Gefallene Götter

Sie waren einst die Partygötter, die unermüdlichen Tänzer im Turbulenzenrausch der Nacht. Doch eines Tages entschieden sie sich, aus dem Karussell auszusteigen, das sich immer schneller drehte und doch nirgendwo hinführte. Jede Geschichte ist ein einzigartiges Meisterwerk, eine Reise durch Täler der Schatten, die am Ende in die Höhen des persönlichen Erfolges führt. Diese Porträts des Mutes zeigen uns, was im Herzen und im Geist möglich ist, wenn man das Glas einmal absetzt und stattdessen das Leben in vollen Zügen umarmt.

Starte die Erkundung

So, schnapp dir einen Kaffee, ein Kaltgetränk oder, warum auch nicht, ein Glas sprudelndes Wasser und stoße an auf diese beeindruckenden Wegbereiter – die, die den Weg der Klarheit gegangen sind und jetzt High on Life sind. Sie wurden nicht nur nüchterne Menschen, sondern wurden für ihre Kunst weltweit gefeiert.

10.1 Der Romanautor Stephen King

Stell dir Ernest Hemingway vor, den berühmten Schriftsteller, der für seine Abenteuerlust und seine meisterhaften Geschichten bekannt ist. Er war aber auch bekannt für seinen Hang zu starken Getränken, ein Bild, das nicht selten romantisch verklärt wurde und Teil seines rauen, abenteuerlichen Images war. Aber die Wahrheit ist, dass Hemingways Verhältnis zum Alkohol alles andere als romantisch war. Es war vielmehr eine zerstörerische Beziehung, die nicht nur seine Gesundheit, sondern auch seine Beziehungen und letztlich sein Schreiben beeinträchtigte. Hemingway selbst hat seine Sucht nie völlig überwunden; sie begleitete ihn bis zu seinem traurigen Ende. Leider eine Geschichte ohne Happy End.

Kontraste: Stephen King und sein Weg aus der Sucht

Jetzt aber eine Geschichte, die nicht so finster ist und die zeigt, dass es auch anders geht: Stephen King, der Meister des Horror-Genres. In den 70er- und 80er-Jahren hatte er massive Probleme mit Alkohol und Drogen. Seine Erfolge als Schriftsteller liefen parallel mit seiner sich vertiefenden Sucht. Es ging so weit, dass er sich an die Entstehung einiger seiner Werke kaum erinnern konnte – sie wurden im Rausch geschrieben. Wenn Stephen King durch sein Bücherregal schlendert und dabei auf 'Cujo' stößt, dann zwinkert er dem Buch zu und denkt sich: "Habe ich dich wirklich geschrieben?"

Der Eingriff durch Familie und Freunde

Sein Wendepunkt? Seine Familie und Freunde machten einen entschlossenen Eingriff, konfrontierten ihn mit seiner Sucht und der Gefahr, die er nicht nur für sich selbst darstellte. Mit viel Liebe, aber auch Hartnäckigkeit rückten sie ihm zu Leibe und tischten ihm alle Beweise seiner Sucht vor.

Der Kampf gegen die inneren Dämonen

Wie bei jeder guten Geschichte gab es einen Kampf, einen inneren Dämon zu besiegen. Stephen King nahm die Herausforderung an, suchte professionelle Hilfe und machte sich daran, nüchtern zu werden. Eine Stütze war seine Besuche bei den Anonymen Alkoholikern, wo er seine Geschichte mit anderen teilte und aus deren Storys lernte.

Kings Erfolg ohne Alkohol

Er setzte sich wieder an die Schreibmaschine, diesmal klar im Kopf. Die Bücher, die folgten, trugen die Handschrift eines Mannes, der nicht nur seine Charaktere durch dunkle Tunnel führen konnte, sondern auch sich selbst in das Licht hinaus. King spricht offen über seine Sucht und seine Genesung, ein Hoffnungsschimmer für alle, die mit ähnlichen Dämonen ringen. Er ist ein Beispiel dafür, dass man einen anderen Weg einschlagen kann und dass das Leben – und die Literatur – auch ohne den "Schreibstoff" Alkohol reich und faszinierend sein kann. Seit 1988 hat Stephen King keinen Tropfen Alkohol mehr getrunken. Doch er ist sich bewusst, dass er – ähnlich einem Fußballer in Rente, der den Rasen riecht, aber nicht mehr spielt – immer noch ein Alkoholiker ist.

10.2 Der Blues- und Rocksänger Eric Clapton

Stell dir vor, da ist dieser Gitarrist, ein Magier mit sechs Saiten, der die Welt zum Singen bringt. Sein Name? Eric Clapton. 17 Grammys und 130 Millionen verkaufte Alben zeichnen seinen Erfolg als Musiker aus. Doch hinter den Kulissen, wo die Scheinwerfer nicht hinkommen, da spielte sich noch eine ganz andere Art Konzert ab – mit Alkohol und Drogen als ungeladene Gäste.

Die dunklen Takte seiner Lebensmelodie

Der gute Eric, der hat in seiner Autobiografie ein paar Takte aus diesem dunklen Kapitel seiner Lebensmelodie geteilt. Eine Zeitlang war sein Doppelleben aus Rampenlicht und Dämonen eine Art Extremsport. Die 70er, ein Jahrzehnt für die Geschichtsbücher, hätten beinahe seine Karriere versenkt. Konzerte absagen? Stand an der Tagesordnung, wenn deine Hand zittert, als wärt ihr beide in einem Erdbeben.

Das private Ich-Fort

Und privat? Stell dir vor, du bist in einer Blase, in der nur dein eigenes Ich Sauerstoff bekommt. Kein Raum für Liebe, keine Luft zum Atmen für die, die dir nahestehen. Genau das war's. Eric beschreibt sich selbst als eingebunkert in seinem Ich-Fort, unfähig zu geben, zu empfangen, zu sein.

Der Weg zurück: Brücken über Abgründe zum Clean-Sein

Doch das Leben, das ist ein komisches Ding. Manchmal baust du Brücken über deine eigenen Abgründe. Und genau das hat Eric getan – mehr als einmal. Er ist seit über 30 Jahre in der Clean-Liga. Und statt sich zurückzulehnen, reichte er seine Hand weiter an die, die noch am Klettern waren. Mit seiner Geschichte gibt er Hoffnung, unterstützt Reha-Zentren und weckt das Bewusstsein: Aus dem Tief kann es wieder hinaufgehen, Note für Note, bis die Musik wieder stimmt.

10.3 Der Countrysänger Johnny Cash

Johnny Cash, der Mann in Schwarz, eine Legende mit der tiefen Stimme, die Herzen zum Vibrieren bringt. Aber nicht nur die Saiten seiner Gitarre waren gespannt – auch seine Nerven waren es, vor allem, bevor er die Bühne betrat.

Das Trinken als Anker und Sturm

In seinen Memoiren "Cash" packt er aus über die Whiskey-Wellen, die durch sein Leben schwappten. Anfangs, so schrieb er, war das Trinken wie ein Anker, um in der Welt der Scheinwerfer und des Beifalls nicht zu kentern. Aber mit der Zeit mutierte der gute Tropfen zum Sturm, der nicht nur seine Tage, sondern auch seine Nächte umschlug. In den 1960er Jahren verbrachte er eine Nacht im Gefängnis, nachdem er betrunken einen Feuerlöscher ausgelöst hatte. Daheim war das Leben nicht leichter, die Flasche wurde zu einem Spalt zwischen ihm und seinem Zuhause. Seine Familie? Im Nebel hinter den Alkoholschwaden, er selbst immer außer Reichweite.

Der Treibstoff aus Amphetaminen

Seinen weiteren Treibstoff fand er zudem nicht nur in Melodien, sondern – wie er offen in seinen Geschichten erzählt – in Amphetaminen, die sein Feuer auf diesen endlosen Pfaden am Brennen hielten. Sie waren sein künstlicher Wind unter den Flügeln, das Aufputschmittel, das ihm half, die Strapazen der Tour-Tagebücher zu meistern.

Der Wendepunkt: "Genug!"

Aber dann kam der Drehpunkt, wie der letzte Akt eines großen Dramas. Johnny sah sich im Spiegel des Kerkerwassers und sagte: "Genug!" Eine Entziehungskur stand auf dem Programm, die für ihn ein Kampf war. Doch Johnny Cash hat das Ding gedreht und den Kampf gewonnen. Er wurde zum Felsen in der Brandung und blieb clean. Viel zu früh verstarb er mit 71 Jahren im Jahr 2003.

11 Fazit: Mit Vollgas in die Zukunft - Dein Leben nach der MPU

Du hast das Buch gelesen! Von den ersten Schritten im MPU-Dschungel bis hin zum erfolgreichen Showdown. Doch was bedeutet das für dich und wie sieht dein Leben nach der MPU aus? Lass uns einen letzten Blick auf alles werfen und mit einer positiven Note abschließen.

Raus aus dem Dschungel: Ein Blick zurück

Erinnerst du dich, als der MPU-Dschungel noch ein undurchdringliches Labyrinth für dich war? Du hattest vielleicht schlaflose Nächte, vollgepackt mit Sorgen und Ängsten. Dein Wissen reicht mittlerweile vom großen Einmaleins der MPU über die mentalen und medizinischen Prüfungen bis hin zur Vorbereitung mit oder ohne Berater. Es ist nicht nur dein Führerschein, den du zurückgewinnen kannst – es ist auch ein Stück von dir selbst. Du hast gelernt, durchzuhalten, dich selbst kritisch zu hinterfragen und positive Veränderungen in deinem Leben anzustoßen. Die Selbstbeobachtung, das Anfordern deiner Akten und die ehrliche Bereitschaft zur Veränderung haben dir gezeigt, dass du das Steuer deines Lebens festen Griff hast.

Der neue Aufschwung: Deine Zukunft hinter dem Steuer

Jetzt, da du deine MPU bestehen wirst oder gerade bestanden hast, geht es darum, auf der Überholspur zu bleiben. Denke immer daran, warum du all das durchgemacht hast. Es war nicht einfach nur, um deinen Führerschein zurückzubekommen; es ging darum, ein neues Kapitel in deinem Leben aufzuschlagen – eines, das von Verantwortungsbewusstsein und Selbstkontrolle geprägt ist.

Die Rückfallprophylaxe, die Selbsthilfegruppen und all die kleinen, aber wichtigen Veränderungen im Alltag sind jetzt dein Werkzeugkoffer. Lass nicht zu, dass alte Muster ans Steuer deines Lebens zurückkehren.

Der lange Ausblick: Dein Weg bleibt spannend

Du hast in diesem Buch viele Persönlichkeiten kennengelernt, die ihre eigenen Kämpfe mit Alkohol gefochten und gewonnen haben. Von Stephen King bis Johnny Cash – sie alle sind Beispiele dafür, dass es auch nach schweren Zeiten immer wieder aufwärts geht. Lass dich von ihnen inspirieren und erinnere dich daran, dass es keine Einbahnstraße gibt. Jeder Rückschritt kann eine Kehre sein, die dich auf einen neuen, besseren Weg führt.

Dein persönlicher Check-up: Bleib am Ball

Wie bleibt man auf der Überholspur? Es geht darum, sich immer wieder nach den eigenen Fortschritten zu fragen. Welche Veränderungen hast du in deinem Leben beibehalten? Wo gibt es noch Luft nach oben? Setze dir regelmäßige Check-up-Termine – nicht nur für deinen Führerschein, sondern auch für dein Wohlbefinden. Und denk dran: Jeder Tag ohne Alkohol ist ein Sieg, jeder Schritt in die richtige Richtung zählt. Fahre sicher, fahre bewusst und vor allem: Genieße die Fahrt! Mit diesen **positiven Gedanken** im Gepäck kannst du losziehen und das Beste aus deiner zweiten Chance machen. Auf eine sichere und glückliche Zukunft – Cheers, aber diesmal ohne Alkohol!

Das war's von mir an dieser Stelle – bleibt locker, bleibt achtsam und vor allem: bleibt auf der alkoholfreien Überholspur!